互联网营销系列丛书

数据化网站运营深度剖析

车云月　主编

清华大学出版社

北　京

内 容 简 介

　　企业网站是在互联网上进行网络营销和形象宣传的平台，而本书从网站定位到数据化运营，贯穿整个网站的生命周期，研究网站定位、网站策划与布局、网站更新维护、网站数据挖掘及应用、数据驱动运营、移动网站运营的具体策略，涵盖了网站运营的精髓与核心内容，并结合企业实战经验，分析了大量的网站运营经典案例，为网站运营人员提供全面而科学的运营知识和策略。

图书在版编目（CIP）数据

数据化网站运营深度剖析/车云月主编 . —北京：清华大学出版社，2017
（互联网营销系列丛书）
ISBN 978-7-302-46414-3

Ⅰ. ①数…　　Ⅱ. ①车…　　Ⅲ. ①网站-数据管理　　Ⅳ. ①TP393.092

中国版本图书馆 CIP 数据核字（2017）第 023655 号

责任编辑：杨静华
封面设计：闫佳佳
版式设计：牛瑞瑞
责任校对：王　云
责任印制：宋　林

出版发行：清华大学出版社
　　　　　网　　　址：http://www.tup.com.cn，http://www.wqbook.com
　　　　　地　　　址：北京清华大学学研大厦 A 座　　　　邮　　编：100084
　　　　　社 总 机：010-62770175　　　　　　　　　　　邮　　购：010-62786544
　　　　　投稿与读者服务：010-62776969，c-service@tup.tsinghua.edu.cn
　　　　　质量反馈：010-62772015，zhiliang@tup.tsinghua.edu.cn
印 装 者：清华大学印刷厂
经　　销：全国新华书店
开　　本：185mm×260mm　　印　　张：8.25　　字　　数：191 千字
版　　次：2017 年 4 月第 1 版　　印　　次：2017 年 4 月第 1 次印刷
印　　数：1～2000
定　　价：39.80 元

产品编号：074044-01

编委会成员

近些年，互联网促进经济迅速发展，越来越多的企业把互联网当作产品营销的重要渠道。而网络营销依托着计算机设备和网络资源，凭借其优势成为了这个时代高效的宣传推广方式。

企业网站是在互联网上进行网络营销和形象宣传的平台，而本书从网站定位到数据化运营，贯穿整个网站的生命周期，研究网站定位、网站策划与布局、网站更新维护、网站数据挖掘及应用、数据驱动运营、移动网站运营的具体策略，涵盖了网站运营的精髓与核心内容，并结合企业实战经验，分析了大量的网站运营经典案例，为网站运营人员提供全面而科学的运营知识和策略。

本书适用人群

本书适用于高校学生，也可以作为对网站运营感兴趣的读者的自学用书，本书在讲解过程中应用了大量真实案例，内容由浅入深、通俗易懂，能够帮助读者快速掌握网站运营技术。通过本书，可以全面了解运营工作的范围、职责、策略，确立科学的运营观念和思路，掌握实用的运营方法与技巧，并能帮助读者规划职业发展方向，成为专业的网站运营者。

章节内容

- ☑ 第1章：了解网站分类、网站定位对企业的重要性及网站用户群体的分析思路。
- ☑ 第2章：本章重点学习营销型网站的特点、营销型网站建设的基本规则和思路。
- ☑ 第3章：讲解营销型网站具备的营销功能，以及网站首页、栏目页及文章页面的布局规则和提升用户体验的技巧。
- ☑ 第4章：学习网站维护在网站运营中的重要性、网站更新及安全维护的内容和方法。
- ☑ 第5章：本章重点讲解网站运营推广的目的和方式，不同类型网站的营销思路及营销策略。
- ☑ 第6章：讲解网站运营推广的数据挖掘和应用，通过数据驱动运营的思路和方法。
- ☑ 第7章：学习营销型移动网站的建设规则，移动网站的运营推广思路和技巧。
- ☑ 第8章：本章重点讲解网站运营的工作流程、运营团队中各岗位的工作职责和相互协作的关系。

本书最大的特点是以案例为主，在实践中学习技能点，注重运营策划和实际操作，学

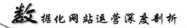

在本书的编写过程中，新迈尔（北京）科技有限公司教研中心通过岗位分析、企业调研，为求将最实用的技术呈现给读者，以达到我们培养技能型专业人才的目标。

虽然我们经过了精心的编审，但也难免存在不足之处，希望读者朋友提出宝贵的意见，以趋完善，在使用中遇到任何问题请发邮件至 zhoux@itzpark.com，在此表示衷心的感谢。

技术改变生活，新迈尔与您一路同行！

前 言

Preface

近年来，移动互联网、大数据、云计算、物联网、虚拟现实、机器人、无人驾驶、智能制造等新兴产业发展迅速，但国内人才培养却相对滞后，存在"基础人才多、骨干人才缺、战略人才稀，人才结构不均衡"的突出问题，严重制约着我国战略新兴产业的快速发展。同时，"重使用、轻培养"的问题依然存在，可持续性培养机制缺乏。因此，建立战略新兴产业人才培养体系，形成可持续发展的人才生态环境刻不容缓。

中关村作为我国高科技产业中心、战略新兴产业的策源地、创新创业的高地，对全国的战略新兴产业、创新创业的发展起着引领和示范作用。基于此，作者所负责的新迈尔（北京）科技有限公司依托中关村优质资源，聚集高新技术企业的技术总监、架构师、资深工程师，共同开发了面向行业紧缺岗位的系列丛书，希望能缓解战略新兴产业需要快速发展与行业技术人才匮乏之间的矛盾，能改变企业需要专业技术人才与高校毕业生的技术水平不足之间的矛盾。

优秀的职业教育本质上是一种更直接面向企业、服务产业、促进就业的教育，是高等教育体系中与社会发展联系最密切的部分。而职业教育的核心是"教""学""习"的有机融合、互相驱动。要做好"教"，必须要有优质的课程和师资；要做好"学"，必须要有先进的教学和学生管理模式；要做好"习"，必须要以案例为核心、注重实践和实习。新迈尔（北京）科技有限公司通过对当前国内高等教育现状的研究，结合国内外先进的教育教学理念，形成了科学的教育产品设计理念、标准化的产品研发方法、先进的教学模式和系统性的学生管理体系，在我国职业教育正在迅速发展、教育改革日益深入的今天，新迈尔（北京）科技有限公司将不断沉淀和推广先进的、行之有效的人才培养经验，以推动整个职业教育的改革向纵深发展。

不论是"互联网+"还是"+互联网"，未来企业的发展都离不开互联网，尤其是企业的品牌推广和产品营销领域，基于对行业领军企业的调研和与行业专家的深度访谈，新迈尔（北京）科技有限公司精准把握未来行业发展趋势，携手行业资深互联网营销工程师开发的电子商务系列课程覆盖了电子商务、网络营销和跨境电商3个方向，以满足营销人员不同的职业选择和发展路径。互联网营销是一个更新迭代较快的行业，新技术、新平台层出不穷，本系列教材吸收了行业最新的技术和经典案例，教学和学习目标是让学习者精通技术、善于营销、学会策划、强于实战，让营销人才更懂用户、产品和互联网，实现学生高薪就业和营销创业。

任务导向、案例教学、注重实战经验传递和创意训练是本系列丛书的显著特点，改变了先教知识后学应用的传统学习模式，调整了初学者对技术类课程感到枯燥和茫然的学习心态，激发学习者的学习兴趣，打造学习的成就感，建立对所学知识和技能的信心，是对传统学习模式的一次改进。

互联网营销系列丛书具有以下特点。

- ☑ 以就业为导向：根据企业岗位需求组织教学内容，就业目的非常明确。
- ☑ 以实用技能为核心：以企业实战技术为核心，确保技能的实用性。
- ☑ 以案例为主线：教材从实例出发，采用任务驱动教学模式，便于掌握，提升兴趣，本质上提高学习效果。
- ☑ 以动手能力为合格目标：注重培养实践能力，以是否能够独立完成真实项目为检验学习效果的标准。
- ☑ 以项目经验为教学目标：以大量真实案例为教与学的主要内容，完成本课程的学习后，相当于在企业完成了上百个真实的项目。

信息技术的快速发展正在不断改变人们的生活方式，新迈尔（北京）科技有限公司也希望通过我们全体同仁和您的共同努力，让您真正掌握实用技术、变成复合型人才、能够实现高薪就业和技术改变命运的梦想，在助您成功的道路上让我们一路同行。

编　者

2017 年 2 月于新迈尔（北京）科技有限公司

目　录

Contents

网站定位

互联网时代，搭建企业网站是必需的，这是企业进入互联网的入口和名片，无论是想要进行网络营销还是提升品牌影响力，企业网站都是不可或缺的。建设企业网站首先要做的就是网站定位。俗语说："凡事预则立，不预则废。"网站定位是企业网站建设"预"的重要一步，是从整体上对网站的建设、发展进行构思和设计。尽管网站定位并未涉及网站的具体建设环节，但是网站的架构、内容、表现等都是围绕网站的定位展开的。因此在运营一个网站的初始阶段，需要谋定而后动，确定好网站的运营模式。

定位就是给网站确定一个方向，最终通过网站达成营销目标。本章将重点讲解产品市场分析及定位、网站内容及营销目标定位、网站用户群体分析等内容。

本章工作任务

➢ 网站类型及内容的划分。
➢ 网站定位的意义。
➢ 网站用户群体分析的重要性。

本章技能目标

➢ 掌握网站类型、网站内容的划分及定位。
➢ 掌握对产品市场自身及竞品的分析思路。
➢ 掌握对用户群体的特点、心理、兴趣爱好等的分析方法。
➢ 掌握对网站盈利模式定位方法，学会对自身网站及竞品盈利模式进行分析。

预习作业

➤ 网站大致分哪几种类型？
➤ 如何分析自身产品市场和竞品市场？
➤ 从哪几方面分析用户群体？
➤ 分析用户群体的意义是什么？

1.1 什么是网站定位

网站定位如同企业、产品定位一样，就是确定网站的特征、特定的使用场合及其主要的使用群体和其特征带来的利益，即网站在网络上的特殊位置，其核心概念、目标用户群、核心作用等。因此，网站定位相当关键，换句话说，网站定位是网站建设的策略，而网站架构、内容、表现等都围绕网站定位展开。

网站定位要用科学的思维方法，进行情报收集与分析，对网站设计、建设、推广和运营等方面进行整体策划，并提供完善的解决方案。网站定位要确定方向和目标，如要把网站做成什么层次，针对什么客户群体，让客户群有什么样的感受。

1.2 网站定位包含的内容

所谓网站定位，就是网站在 Internet 上扮演什么角色，要向目标群体（浏览者）传达什么样的核心概念，通过网站发挥什么样的作用，带来多大的商业价值等。网站定位包含的内容分为网站类型定位、网站内容定位、网站的产品市场定位、网站用户群体定位、网站盈利模式定位。

1.2.1 网站类型定位

在网站建立之初，需要事先进行充分的策划和准备。首先要确定网站的类型。通常来说，网站类型大致分为企业营销型网站、电子商务网站、资讯类网站、社区类网站、娱乐型网站、工具类网站、政府机构网站等。

1. 企业营销型网站

企业营销型网站是为实现某种特定的营销目标，能将营销的思想、方法和技巧融入到网站策划、设计与制作中的网站。最为常见的营销型网站的目标是获得销售线索或直接获得订单。图 1.1 和图 1.2 所示的易到用车官方网站和新迈尔网站即为企业营销型网站。

优质的营销型网站就像一个业务员一样，了解用户且具有非常强的说服力，能抓住用户的注意力，洞察用户的需求，有效地传达自身的优势，一一解除用户在决策时的心理障碍，并顺利促使目标客户留下销售线索或者直接下订单。营销型网站整合了各种网络营销理念和网站运营管理方法，不仅注重网站建设的专业性，更加注重网站运营管理的整个过程，是企业网站建设与运营维护一体化的全程网络营销模式。

图 1.1　易到用车官方网站

图 1.2　新迈尔网站

2. 电子商务网站

电子商务网站是以信息网络技术为手段，以商品交换为中心的网站。所谓电子商务，是在互联网开放的网络环境下，基于浏览器/服务器应用方式，买卖双方不谋面地进行各种商贸活动，实现消费者的网上购物、商户之间的网上交易、在线电子支付以及各种商务活动、交易活动、金融活动和相关的综合服务活动的一种新型的商业运营模式。电子商务分为 B2B、B2C、C2C 等，如图 1.3 所示的京东网站即为电子商务网站。

电子商务商站让消费者通过网络在网上购物、网上支付，节省了客户与企业的时间和空间，大大提高了交易效率，在消费者信息多元化的 21 世纪，可以足不出户地通过网络渠道，了解本地商场的商品信息，享受购物的乐趣。

图 1.3　京东网站

3. 资讯类网站

资讯类网站是指以文章为主的网站，这是网站的最基本组成形态之一，也是 Web 1.0 的基本表现形式。很多个人或公司建站，都是从资讯站开始的。如图 1.4 所示的环球资讯网即为资讯类网站。把资讯网站细分，可以拆分为门户网站与行业类网站。

图 1.4　环球资讯网

门户网站是指通向某类综合性互联网信息资源并提供有关信息服务的应用系统。在中国，最著名的门户网站有新浪、网易、搜狐、腾讯等，该类网站以新闻信息、娱乐资讯为主。如图 1.5 所示的新浪网站为综合门户网站。

行业门户网站是指针对某一个行业而构建的大型网站，包括这个行业的产、供、销等供应链以及周边相关行业的企业、产品、商机、咨询类信息的聚合平台等。

新型的行业门户又称为"垂直行业门户"，这类行业门户是相对于类似"新浪""网易"之类传统的综合性门户而构建的。行业门户网站提供的是这个行业的信息与电子商务交流的入口，通过行业门户使网民可以获取到该行业的系统信息。如图 1.6 所示的中证网即为一个行业门户网站。

图 1.5 新浪网站

图 1.6 中证网站

4. 社区类网站

社区类网站是立足于广大社区居民信息和需求的网站，不仅带动了居民社区的生活，而且带动了整个商圈、信息圈、娱乐圈等的发展。社区居民的需求信息、商家的广告宣传都经过社区网站进行传递，让信息及时、全面地发布，让居民和商家都能找到自己需求的信息。如图 1.7 所示的天涯社区网站即为社区类网站。

网络社区则是指包括 BBS/论坛、贴吧、公告栏、群组讨论、在线聊天、交友、个人空间无线增值服务等形式在内的网上交流空间，同一主题的网络社区集中了具有共同兴趣的访问者。

Note

图 1.7　天涯社区网站

5. 娱乐型网站

娱乐型网站就是提供休闲娱乐的网站，如图 1.8 和图 1.9 所示的优酷网站和 365 音乐网均为娱乐型网站。

图 1.8　优酷网站

图 1.9　365 音乐网

6. 其他类型的网站

除了以上五大类网站，互联网上还有大量其他类型的网站，例如工具类网站、政府机构网站等。如图 1.10 所示的站长之家网站为工具型网站。

图 1.10　站长之家

如图 1.11 所示的中国铁路客户服务中心为工具型网站。

图 1.11　中国铁路客户服务中心

如图 1.12 所示的首都之窗网站为国家政府机构网站。

图 1.12　首都之窗网站

1.2.2 网站内容定位

网站内容定位即网站目标定位，而网站内容定位的作用就是帮助网站达成目标。例如，一个网站的创建目标是成为最大的中文音乐网站，这个目标就给网站一个定位，如提供音乐资讯、音乐试听、音乐下载、音乐翻唱、音乐评论、音乐社区等功能，但不提供游戏、电影、软件下载、新闻资讯等服务。所定目标越宽泛，越不容易专注，也就越不容易取得快速发展。

不同的网站目标决定了不同的网站内容，网站内容定位分为资讯类网站内容、企业产品推广类网站内容、下载服务类网站内容、视频播放类网站内容。

（1）资讯类网站内容以文章信息资讯为主，如图 1.4 和图 1.5 所示。

（2）企业产品推广类网站内容如图 1.13 所示。

图 1.13　聚美优品网站

（3）提供下载服务的网站如图 1.14 所示。

图 1.14　华军软件园

（4）视频播放类网站如图 1.15 所示。

图 1.15　优酷网站

1.2.3　网站产品市场定位

近年来，市场各行业竞争越来越激烈，市场变化速度快。企业产品要想具备竞争力，与清晰的产品定位和明确的市场定位是分不开的。

产品定位是指企业用什么样的产品来满足目标消费者或目标消费市场的需求，即对目标市场的选择与企业产品结合的过程。产品定位又包括品牌定位，品牌定位是针对产品品牌的，其核心是要打造品牌价值。品牌定位的载体是产品。因此，产品未推出市场之前，对产品定位需要从以下几点分析规划。

（1）产品定位：寻求产品核心功能利益，以满足目标受众需求。

（2）产品地区定位：企业将产品销售到哪些地区。如图 1.16 所示，页脚下方的城市名称是易到用车公司在全国 70 多个城市提供的租车服务，因此易到用车公司的产品市场是国内部分地区。

图 1.16　易到用车网站

（3）价格/档次定位：制定价格体系与确立产品档次。如图 1.17 所示为易到用车公司的不同车型的价格及车的档次。

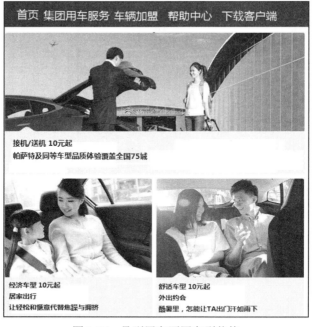

图 1.17　易到用车不同车型价格

（4）风格/形象定位：传达统一风格理念及优质的产品，提升品牌影响力。如图 1.18 所示为神州租车公司网站截图。神州租车公司网站和实体店都以黄色为背景，传达的风格和形象是统一的。

图 1.18　神州租车网站

（5）竞品分析定位：易到用车公司和神州租车公司提供同样的租车服务，是同行业竞争对手。易到用车公司无自驾，且租车价格便宜，没有实体店。而神州租车公司不仅可以提供自驾服务，也有专车服务，全国均有实体店，可以线上约车也可以到实体店租车等。这些就是易到用车公司和神州租车公司的不同之处。

当今企业处在一个竞争非常激烈的环境中，新的竞争对手不断进入，行业内整合不断加剧，在瞬息万变的市场环境中，能掌握市场的先机，及时把握竞争对手的动态，就在竞争中掌握了主动。所以对竞争对手进行分析就显得尤其重要。竞争对手分析的主要内容如下。

① 竞争对手的市场占有率分析。分析总体的市场占有率是为了明确本企业和竞争对手相比在市场中所处的位置是什么，是市场的领导者、跟随者还是市场的参与者。明确在哪个市场区域或哪种产品是具有竞争力的，在哪个区域或哪种产品在市场竞争中处于劣势地位，从而为企业制定具体的竞争战略提供依据。

② 竞争对手的财务状况分析。财务状况分析主要包括盈利能力分析、成长性分析、负债情况分析和成本分析等。

③ 竞争对手的创新能力分析。企业只有不断地学习和创新，才能适应不断变化的市场环境，所以学习和创新成了企业主要的核心竞争力。对竞争对手学习和创新的分析，可以从如下几个方面来进行。

☑ 推出新产品的速度。

☑ 科研经费占销售收入的百分比，这体现出企业对技术创新的重视程度。

☑ 销售渠道的创新，主要看竞争对手对销售渠道的整合程度。

☑ 管理创新，企业不断提高自身的管理水平，进行管理的创新。

④ 竞争对手的领导人分析。领导人的分析包括姓名、年龄、性别、教育背景、主要的经历、过去的业绩等。通过这些方面的分析，可全面地了解竞争对手领导人的个人素质，以及这种素质会给他所在的企业带来什么样的变化和机会。

1.2.4　网站用户群体定位

1. 用户群体定位的含义

用户群体定位即受众定位，指机构或组织宗旨条件明确的服务对象，用户群体是各种定位方法中都必须考虑的。企业可以按照性别、年龄、职业、收入水平、学历层次和个人喜好等将目标人群细分，再根据产品特点、战略规划选择其中一个作为目标人群，这样可以有针对性地推广、快速引起用户群体注意和集中优势资源实现重点突破。在信息传播活动中，以用户群体为中心，满足用户群体获取信息的需求。一个有效的定位需要包含 4 个基本要素：

☑ 细分市场或目标群体。

☑ 主要满足的用户群体需求。

☑ 通过什么样的服务满足用户群体的需求。

☑ 差异化。

例如，对于忙碌的管理者们，他们需要非常高效地管理时间，×××作为一个基于手机的日程管理软件，相对于其竞品来说更加方便和易于使用。这就是一个软件产品的定位，明显涵盖了以上 4 点。

2. 网站用户群体定位的含义

网站用户群体定位即网站目标受众定位，通过网站目标受众的确定，能够进一步明确网站的定位。用户对互联网的个性化服务需求决定了网站的服务对象必须是特定的人群，而不是全体网民，即使是受众范围较广的综合性门户网站也必须要有自己明确的受众定位。

例如，一个教育培训机构，受众群体自然是学生了，但为之付款的却是家长，如果这家教育培训机构的网站只是做给学生看，家长不喜欢，那这家培训机构的网站能算是成功吗？所以进行目标群体定位时要分析优化人群的年龄、地域、爱好、性别、文化层次、收入水平、消费习惯、职业、访问网站的时间、访问设备等。网站目标受众群体基本信息如下。

- ☑ 性别：目标用户以男士为主还是女士为主。
- ☑ 年龄：目标用户属于什么年龄层次。
- ☑ 学历：目标用户是什么学历，因为受教育的程度直接决定着他们的购买行为。
- ☑ 职业：目标用户从事什么职业。
- ☑ 爱好：目标用户共同的爱好。
- ☑ 城市分布：目标用户主要集中在哪些地区或城市。
- ☑ 收入等级：目标用户的收入范围。
- ☑ 消费习惯：目标用户是否习惯网上购物，喜欢买打折商品还是品牌商品等。
- ☑ 购买原因：目标用户为什么要购买企业的产品，是为自己买还是送给朋友等。
- ☑ 行为特征：目标用户上网时的行为习惯是喜欢看文章、逛论坛，还是看视频。

搜集完这些基本信息后，会对企业的目标用户群有一个非常清晰的概念，企业可以利用一些工具来查看所在行业的用户群体的特点。

例如，租车行业用户群体的特点。如图 1.19 所示为租车行业目标受众在全国地区的分布情况。

图 1.19　租车用户群体的地区分布

如图 1.20 所示为"租车"目标用户群体的年龄、性别。

因此，网站的受众定位就是要根据网站受众的心理和上网的动机寻找用户对不同信息的需求，主要考虑以下两方面内容。

12

图 1.20　租车目标用户的年龄、性别

☑　网站受众的心理因素，包括受众的情感、价值观、阅读习惯等。网站提供的信息和服务能不能带给网站受众满足感，是否与其心理地位、身份相吻合，是否迎合其日常的阅读习惯，这些都决定了网站能否留住受众。

☑　网站受众的上网目的。网站受众的上网目的不同，选择的网站也会不同。将网站的核心内容与网站受众的上网目的结合起来是吸引并"黏住"网民的有效方式。

下面给出几个具体案例。

（1）蒙牛酸酸乳——酸甜少女的专饮。蒙牛明确将"13～18 岁人群，尤其是感性的女生"作为蒙牛酸酸乳的目标消费群。

2005 年，蒙牛选择首届"超级女声"的季军张含韵作为酸酸乳的广告形象代言人，发布了"酸酸甜甜就是我"的品牌口号，充分表达了目标人群个性、前卫的精神诉求，同时也彰显了消费者的个人魅力与自信，如图 1.21 所示。

图 1.21　蒙牛酸酸乳

（2）不同的纸制品企业，目标受众定位的不同之处。

☑　维达纸业定位：偏向成熟、稳重、事业成功的男性，以及 30～40 岁高贵优雅、享受生活的女性。目标受众定位，主要来源于产品的知名度、产品包装和良好的质量，如图 1.22 所示。

☑　心相印纸业定位：浪漫情侣、时尚女性，如图 1.23 所示。

图 1.22　维达纸业

图 1.23　心相印纸业

☑　清风纸业定位：偏向单纯可爱的学生、传统的职业女性以及阳光积极的小伙子。用户形象较为分散，个性不鲜明，这与其大众化的价格，较宽的产品线有直接关系。设计柔和的包装、具亲和力的名称使消费者认为清风产品形象更容易接近，如图 1.24 所示。

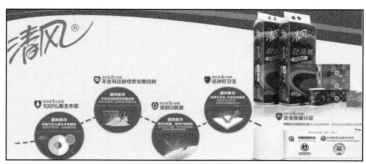

图 1.24　清风纸业

可见，成功的"大品牌"无一不是在目标人群定位上专注而持之以恒。要做到专注，就一定要熟悉目标人群的特征，并能与之无障碍地交流，让目标人群随时参与到品牌的互动活动中来。而持之以恒则在于能洞察时代变迁时企业所界定人群的行为习惯的变化。

1.2.5 网站盈利模式定位

网站的盈利模式定位即网站的营销目标，是以现代营销理论为基础，通过 Internet 营销替代传统的报刊、邮件、电话、电视等中介媒体，利用 Internet 对产品的售前、售中、售后各环节进行跟踪服务，自始至终贯穿在企业经营全过程，寻找新客户、服务老客户，最大限度地满足客户需求，以达到开拓市场、增加盈利的经营目标。

企业的营销目标大致分为两种：品牌推广和销售产品，如图 1.25 所示。为了规划网站功能及用户体验，需要把这两种营销目标细分。

☑ 销售型网络营销目标：主要是为企业拓宽销售网络，利用互联网进行销售产品。
☑ 服务型网络营销目标：主要是为客户提供网上在线服务，客户通过网上服务人员可以远程进行咨询和享受售后服务。
☑ 品牌型网络营销目标：主要是在网上建立自己的品牌形象，加强与客户的联系和沟通，建立客户的品牌忠诚度，为企业的后续发展打下基础。
☑ 混合型网络营销目标：即想同时达到上面几种目标，既是销售型，又是品牌型。

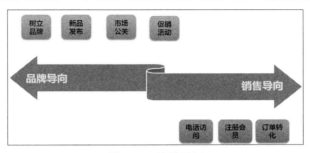

图 1.25 营销目标

本 章 总 结

☑ 网站定位解决的是网站建设的思路，包括网站类型定位、网站内容定位、网站产品市场定位、网站用户群体定位、网站盈利模式定位。
☑ 网站定位中，竞品分析、网站目标用户群体的分析、网站营销目标的分析等是网站定位中的重点，对于网站规划和网站建设尤为重要。
☑ 企业营销目标的划分。

本 章 作 业

（1）网站定位的内容包括哪几部分？
（2）为什么要分析网站的目标用户群？
（3）企业网站的营销目标大致分为几种？

营销型网站建设规则

本章简介

　　营销型网站建设首先要符合 SEO，即搜索引擎优化。搜索引擎优化排名是重要的网站推广手段之一。从搜索引擎友好性和用户体验良好性这两方面建设网站，可以提高企业网站在搜索引擎中的排名，给企业带来客户和订单。因此，在互联网时代，如果企业不注重网站建设的专业性，就无法整合各种网络营销理念和网站运营管理方法，导致企业发展停滞不前。本章主要讲解营销型网站的特点及建站规则，包括网站结构、网站地图、文章内容等基础知识。

本章工作任务

> ➢ 了解营销型网站的概念。
> ➢ 了解营销型网站建设的规则。
> ➢ 了解 404 页面的内容及重要性。
> ➢ 了解网站空间及域名对网站的影响。

本章技能目标

> ➢ 掌握营销型网站的网站结构特点。
> ➢ 掌握营销型网站文章内容的重要性及要求。
> ➢ 掌握营销型网站对图片的要求。

预习作业

> ➢ 动态网址和静态网址的区别。

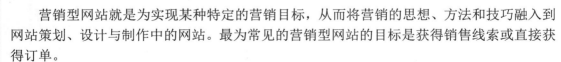

> ➢ 网站地图对营销型网站的重要意义。
> ➢ 营销型网站对首页导航的要求。

2.1　什么是营销型网站

营销型网站就是为实现某种特定的营销目标，从而将营销的思想、方法和技巧融入到网站策划、设计与制作中的网站。最为常见的营销型网站的目标是获得销售线索或直接获得订单。

营销型网站以现代网络营销理念为核心，以搜索引擎良好表现、用户良好体验为标准，具备理解力、信任力和行动力，是通过对企业自身分析、同行业竞争对手分析、市场分析、用户搜索行为分析后，以营销的理念为核心，以结构、引用、布局为网站建设开发依据而搭建的一个值得长期运营的盈利型网站。

2.2　营销型网站的特点

营销型网站具有以下特点。

1.　网络营销为导向

营销为主、技术为辅。企业网站要想具备网络营销的作用，就要站在营销的角度策划、设计，以此来建设营销型网站。

2.　以用户为中心

发现潜在客户访问企业网站，要把客户留住，并使客户产生信赖感，进一步刺激客户产生购买欲望，还要建立客户忠诚度等。要做到这些，关键因素在于网站带给客户的体验，也就是说网站要以客户为中心，只有以客户为中心的网站，才能最终赢得客户的青睐。所以对网站的每一个细节都要反复推敲、精雕细琢，真正起到营销的作用，最终提高客户转化率，达成企业网站的营销目标。

3.　面向搜索引擎优化的页面设计

营销型网站的最基本特征就是能非常容易地让用户找到，否则企业网站营销的目标就无法达成。

4.　关注网络品牌建设与推广

建设的网站要能够融入企业的品牌文化和风格。

2.3　营销网站建设规则

企业要从网络营销的角度来制作网站，就必须了解营销型网站建设的重要规则，这样建设的网站才具备网络营销的特质。

营销型网站的建设有 6 大要素，即要具有清晰简单的结构及流程，极具冲击力的视觉表现，具有营销性的产品展示，具有公信力和深度价值的内容，符合搜索引擎优化规则，具备健全的在线客服环节。

2.3.1　网站域名

域名（Domain Name）俗称网址，是由一串用点分隔的名字组成的 Internet 上某一台计算机或某计算机组的名称。通俗地说，域名就是上网企业的名称，是一个通过计算机连接网络的企业在网络中的地址。

一个公司如果希望在网络上建立自己的主页，就必须取得一个域名，域名的注册遵循先申请后注册原则，中华网库中每一个域名都是独一无二、不可重复的。域名由若干部分组成，包括数字和字母，如 baidu.com、jd.com、360.com 等。

1. 后缀

不同后缀的域名，表示的含义不同，如下所示。
- ☑ .com：商业机构。
- ☑ .net：网络服务机构。
- ☑ .org：非营利性组织。
- ☑ .gov：政府机构。
- ☑ .edu：教育机构。
- ☑ .mobi：专用手机域名。
- ☑ .cn：国家内部企业或个人。
- ☑ . blog：博客。
- ☑ . news：新闻。
- ☑ . bbs：论坛。
- ☑ . mail：邮箱。

2. 域名

域名（URL）分为静态 URL、动态 URL。
- ☑ 静态 URL：网址中不含有 "?" "=" "&" 参数字符的网址，文件以 htm 或 html 为后缀。静态 URL 或伪静态 URL 方便搜索引擎蜘蛛抓取网页，打开速度更快，有利于提高用户体验。如图 2.1 中所示的 URL，http://www.hairsos.cn/nvxingfajixian/nvxing fajixian.html 即为静态 URL。
- ☑ 动态 URL：动态 URL 又称动态页面、动态链接，即指在 URL 中出现 "?" "=" "&" 参数符号，并以 aspx、asp、jsp、php、perl、cgi 为后缀的 URL。动态网址的生成是采集数据库的内容，所以不能保证网页内容的稳定性和链接的永久性，很难被搜索引擎收录，也不利于品牌传播。如图 2.2 所示，在百度搜索 "自考" 后，百度搜索结果页顶部显示的网址，就是动态 URL。
- ☑ 伪静态 URL：动态网页通过重写 URL 的方法去掉动态网页的参数。

图 2.1　静态 URL

图 2.2　动态 URL

3．网站域名的要求

☑　不同的域名后缀得到的百度权重不同，常用网站域名的百度权重关系为：.gov>.edu>.org>.com>.net.>.cn>.com.cn>.net.cn。

☑　标准化：当有多个域名同时可以访问一个网站时，要选择唯一的一个为主要的。

☑　域名标准化的方法：301 重定向。

301 重定向也称为永久重定向，是用户或搜索引擎向网站服务器发出浏览请求时，服务器返回的 HTTP 数据流中头信息（header）中状态码的一种，表示本网页永久性转移到另一个地址。

例如，百度公司网址 www.baidu.com 作为主网址，其他网址有 baidu.com、baidu.com/index.htm，当两个网址做了 301 重定向后，无论输入其中哪个网址，显示的网址全部为 www.baidu.com。

4．购买网站域名的注意事项

购买网站域名应选择大的、信誉好的服务商，如阿里云（万网）、西部数码、新网、DNSpod、新网互联、华夏名网等。

2.3.2　网站空间

1．网站空间定义

网站空间（WebSite host）简单地讲，就是存放网站内容的空间。网站空间也称为虚拟主机空间，通常企业做网站都不会自己架设服务器，而是向网站托管服务商租用虚拟主机，用这种方式来建立网站。

2. 网站空间的要求

☑ 空间的稳定性好、安全性好、速度快。

☑ 支持日志下载，301 重定向，错误页管理（404），数据库管理，数据库备份还原，网页文件备份还原，网页文件压缩解压，伪静态，域名管理（二级域名绑定等）。

2.3.3 网站结构

1. 网站结构扁平化

不要出现多余的不重要的目录层级，尽量减少目录层级。大型网站，目录层级严格控制在 3～4 以下；中型网站，目录层级严格控制在 3 以下。

如图 2.3 所示为一个网站结构目录层级，H 表示网站首页；C 表示网站的栏目页；P 表示网站的内容页。

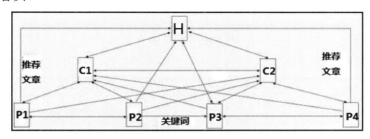

图 2.3　网站结构扁平化

2. 树状结构分布

网站结构要以树状形式分布，以便于用户更好地浏览，提升用户体验。如图 2.4 所示为一个网站的树状结构分布。

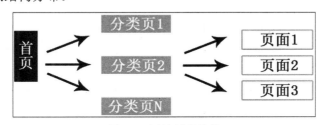

图 2.4　网站树状结构

2.3.4 网站导航

1. 网站导航定义

网站导航是指通过一定的技术手段，为网站的访问者提供一定的途径，使其可以方便地访问到所需的内容。以 html 的形式链接，所有页面之间应该有广泛的互联，满足站内任何页面可以通过回链到达主页。

如图 2.5 所示，方框标注部分就是易到用车公司网站导航。

图 2.5　网站导航

2. 网站导航要求

☑　导航用文字链接作为首选，且包含关键词。

☑　把企业的重要产品名称作为关键词放在导航中，如图 2.6 所示。

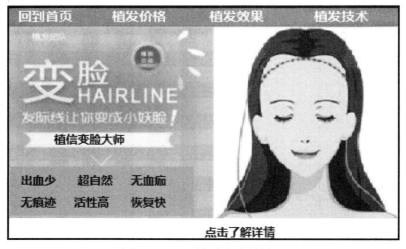

图 2.6　网站导航中包含关键词

2.3.5　面包屑导航

1. 面包屑导航定义

☑　面包屑导航是用来表达内容归属关系的界面元素，如首页>栏目页>内容页。

☑　对用户和搜索引擎来说，面包屑导航是判断页面在网站整个结构中位置的最好方法。

2. 面包屑导航要求

☑　为了让用户在浏览网站时能够明确页面位置，同时方便用户返回上一级菜单，提高用户体验，在建设营销型网站时一定要加面包屑导航。

☑　面包屑导航应包含关键词。如图 2.7 所示的面包屑导航包含"会计培训""会计基础"等关键词。

图 2.7　面包屑导航

2.3.6　网站地图

1. 网站地图定义

网站地图又称站点地图，指一个页面上放置了网站上需要搜索引擎抓取的所有页面的链接。

2. 网站地图要求

网站地图对搜索引擎非常友好，且方便访客浏览，提升用户体验，所以营销型网站一定要添加网站地图。

如图 2.8 所示是某植发医疗机构的网站地图。

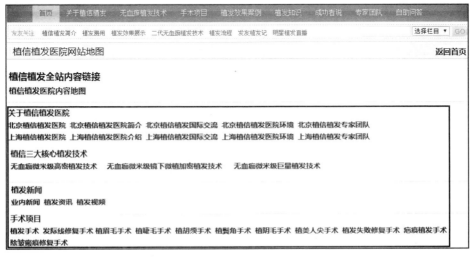

图 2.8　网站地图

网站地图要包括网站中重要的产品页面和访问量大的页面。

2.3.7　网站文章内容

Note

1. 网站内容的重要性

内容为王，网站的内容决定了访客在网站停留时间的长短。要让网站的内容为客户带来真正的浏览价值，不仅取决于内容的丰富，还取决于内容的深度、准确性及权威性。富有深度和价值的内容，不仅可以塑造网站的专业形象，而且可以留住用户。让用户对网站产生依赖感，有问题就到此网站来寻找答案。

2. 网站内容的要求

- ☑　内容与网站定位一致。
- ☑　相关性，围绕本网页产品/服务（关键词）进行编辑。
- ☑　网站内容的原创度，给网站带来流量的同时还能提高搜索引擎的访问次数。
- ☑　独创性，提供同行业网站不能提供的内容。
- ☑　友好性，在任何设备上都可以访问。
- ☑　利用图、文等各种形式，围绕和强化产品或服务的核心卖点，提升销售力。
- ☑　设计内容摆放的位置时一定要考虑浏览者的阅读顺序（通常顺序为上、左、中、右）。
- ☑　文字数量大约在 500 字以内即可，过多的文字会使访客厌烦，而且将关键词放在文章的第一句最佳。

如图 2.9 所示为某医疗机构的一个文章页面，文章第一句就包含了关键词（用方框标注），并且文章内容围绕植发的价格展开，内容原创，文字数量在 300 字以内。

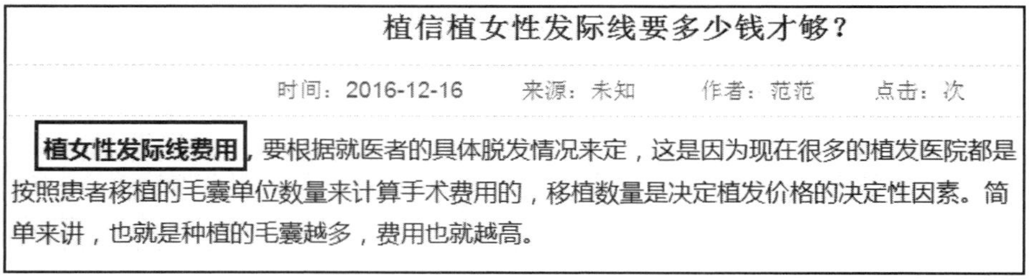

植信植女性发际线要多少钱才够？

时间：2016-12-16　　来源：未知　　作者：范范　　点击：次

植女性发际线费用，要根据就医者的具体脱发情况来定，这是因为现在很多的植发医院都是按照患者移植的毛囊单位数量来计算手术费用的，移植数量是决定植发价格的决定性因素。简单来讲，也就是种植的毛囊越多，费用也就越高。

图 2.9　文章页面

2.3.8　网站图片

1. 网站图片的重要性

随着现代社会生活节奏的加快，迫使人们选择更快、更直接、更形象的传达方式。调查表明，现代人对信息的接受 80%源于图像。也就是说，图形图像较之文字更容易引起人们的关注。图形图像也比文字更直观、通俗地将相关理念、意境等信息直接、形象、高效地传达给受众，从而达到设计的目的。

一图胜千言，在网页界面设计中，选择适当的图形图像能更好地突出主题，对内容起到一定的说明作用，并且图形图像与文字的有机组合，对网页界面的协调和美化起着积极的作用，同时也大大地提升了用户在浏览网页时的体验。

2. 网站图片要求

☑ 确保图片的兼容性，良好的图片编辑技巧可以使得背景大图在各种浏览器和各种尺寸的屏幕上都完美呈现。

☑ 网站产品图使用缩略图。如果网站有大量产品图片，都应采用缩略图的形式来展现，在保证浏览效果的同时，也能加快网站加载速度。如图 2.10 所示为某企业网站中的产品缩略图。电商类网站上，图片大多使用缩略图，单击其中一个产品的缩略图，就会进入该产品的详细页面，且页面上的产品图片也会放大。

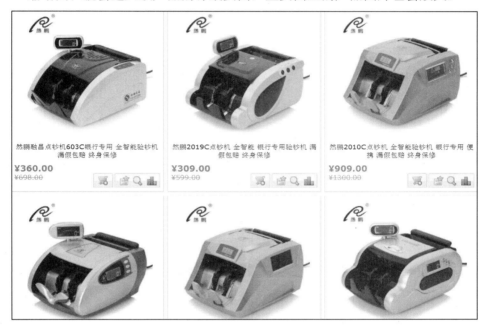

图 2.10　产品图片

☑ 尽量少放装饰性图片，避免影响网站的打开速度。

☑ 图片所在网页主题与网站经营方向、主题一致。

☑ 对图片进行 ALT 标签注释，使图片搜索引擎能更好地理解图片。如图 2.11 所示为某图片的 ALT 标签注释。当图片无法正常打开时，图片位置就会显示 ALT 标签注释的文字内容。

如果图像无法显示，浏览器将显示替代文本

☒ 北京鲜花网—康乃馨

图 2.11　ALT 注释

☑ 图片周围要有关于图片信息的文字描述，如图 2.12 所示。

图 2.12　产品图图片文字

2.3.9　404 页面

1. 404 页面的定义

404 为 HTTP 状态码，404 页面即为当用户输入了错误的链接或访客请求的页面不存在时，服务器返回的错误页面，如图 2.13 所示。

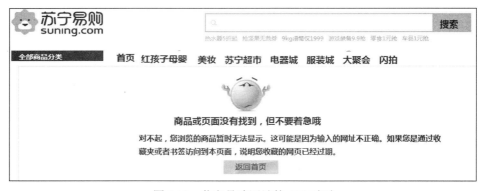

图 2.13　苏宁易购网站的 404 页面

2. 404 页面的作用

☑　引导用户访问其他网页，增强用户体验，减少跳出率。

☑　防止网站出现死链接，对搜索引擎友好。

3. 404 页面的制作要求

☑　404 页面符合网站自身的设计风格。

☑　从文字和图片的层面，引起用户的兴趣。

☑　加入引导入口（链接），如"返回首页""重点栏目的推荐"等（突出重点），引导用户不要关闭网站，提升用户体验。

如图 2.14 所示为京东网站的 404 页面，方框标注的地方是 404 页面的引导入口，也就是链接，单击链接能进入相关的页面。

· 26 ·

图 2.14 京东网站的 404 页面

本 章 总 结

- ☑ 营销型网站对企业的重要性。
- ☑ 营销型网站建设规则，包括域名、空间、网站结构、导航、网站文章内容等。
- ☑ 营销型网站的特点。

本 章 作 业

（1）哪种域名适合营销型网站？

（2）营销型网站对内容的要求有哪些？

（3）营销型网站的结构特点是什么？

营销型网站策划与布局

本章简介

　　网站建设包括美术设计、信息栏目规划、页面制作、程序开发、用户体验、市场推广等多方面知识，融合一起才能建出成型网站。而将这些融合在一起的就是网站策划，策划的主要任务是根据企业网站的营销目标结合产品市场，通过与各部门人员沟通，制定出合理的建设方案。企业网站的终极目标是盈利，那么企业只有在建站前期完全从网络营销的角度来策划和设计网站，才能将之打造成为一个具备营销力且能帮助企业实现网络营销目标的网站。

　　网站建设始于网站策划，网站策划是决定网站平台建设成败的关键步骤之一。网站策划的好坏直接影响到网站建设的效果，优良的网站策划是网站建设成功的一半。本章主要讲解网站结构及栏目策划、布局规则、网站测试等内容。

本章工作任务

  ➢ 了解营销型网站策划包含的内容。
  ➢ 了解首页、栏目页及文章页面的布局规则。
  ➢ 了解营销型网站具备的营销功能。
  ➢ 了解用户体验对于企业的重要性。
  ➢ 了解面包屑导航的重要性。

本章技能目标

  ➢ 掌握网站首页布局规则。
  ➢ 掌握优质导航的重要性及功能。

> ➤ 掌握网站的栏目类型及规划要点。
> ➤ 掌握营销型网站文章内容的要求。

预习作业

> ➤ 网站首页布局规则。
> ➤ 网站的层级结构。
> ➤ 网站文章内容对网站及访问者的重要性。
> ➤ 优质的网站导航提升用户体验体现的方面。

3.1 网站结构及栏目策划

网站策划包括了解客户需求、客户评估、网站功能设计、网站结构规划、网站栏目设计、页面设计、内容编辑、网站系统硬件软件配置，整理相关技术资料和文字资料等。其中，网站结构是为了合理地向用户表达企业信息所用的栏目设置、网站导航、网页布局、信息的表现形式等。企业只有确定了网站结构，才能开始技术开发和网页设计工作。网站栏目结构是网站结构的基础，也是网站导航系统的基础，应该做到设置合理、层次分明。

为了清楚地通过网站表达企业的产品信息和服务，可根据企业经营业务的性质、类型或表现形式等将网站划分为几个部分，每个部分就成为一个栏目（一级栏目），每个一级栏目则可以根据需要划分为二级、三级、四级栏目。一般来说，企业网站的一级栏目不应超过 8 个，而栏目层次以三级以内比较合适。如图 3.1 所示为某网站的结构图。

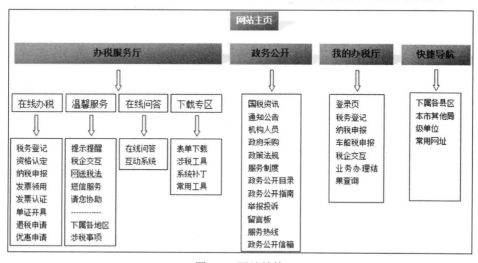

图 3.1　网站结构

3.1.1 营销型网站结构与布局

营销型网站布局一般崇尚不规则设计，页面布局要以最简洁的方式通过网站把企业的产品信息体现出来，有效地传达给浏览者和潜在客户，并提供良好的客户体验，从而达到最优的营销效果。

网站的结构就好比一本书的目录，通过这个目录，用户可以快速找到自己想要的信息，因此，网站必须有一个清晰的结构。同时，网站结构也是衡量网站用户体验的重要指标之一，清晰的网站结构可以帮助用户快速获取所需信息，相反，如果一个网站的结构混乱，那么用户在访问时就像走进了迷宫，最后只会选择放弃浏览，离开网站。网站结构还会直接影响搜索引擎对页面的收录，一个合理的网站结构可以引导搜索引擎从中抓取更多有价值的页面，从而获得良好的排名。

网站结构规划主要考虑的是逻辑关系，要做到网站分类清晰，页面之间非常容易到达，用户体验良好。这种布局的网站包含以下优势：

☑　布局非常灵活。

☑　方便用户浏览。

☑　对搜索引擎友好。

☑　运用范围广。

☑　个性化，吸引眼球。

1．网站首页

网站首页像一本书的封面，是为了吸引用户浏览网站内容。因此，网站首页是给客户留下第一印象的关键页面，直接决定了客户是否继续深入访问，所以不仅要从专业网站设计的角度出发，把色彩与图片内容处理得当，更要从专业建网站的角度出发，合理安排首页的每一个栏目内容版块。首页设计要在传递企业品牌形象的同时，让首次访问的用户在第一时间明白网站的内容、服务和功能，同时，通过首页，能够快速到达所要找寻的目标页面。

首页是一个网站内容的汇总和索引，在首页中有很多图标和链接，栏目也比较多，就像一个个住宅的大门一样，由此通往各个模块。一个完整的网站首页应该包括体现企业实力与优势的 banner 广告图片、简明扼要的公司简介、企业主要产品的分类导航信息、体现企业专业程度的文章浏览入口、企业主打产品图片和成功案例，以及第三方平台对企业的认可证明等，凡是客户想看到的内容以及能为企业留住客户并取得客户信任的内容，都是网站建设时需要考虑在首页安排的内容。丰富的首页可以帮助客户更好地浏览企业的网站，争取得到更多的回访率和深入率，实现企业的网站营销目标。

（1）网站首页的定义

网站首页是一个网站的入口网页，即网站的第一页。首页对用户的引导，就像暗中一只无形的手，会指引用户通过单击操作按钮等浏览网站，了解信息，而不会带给用户压迫感。

所以网站首页需要编辑得有助于访客了解该网站，并引导访客浏览网站其他部分的内容。这部分内容一般被认为是一个目录性质的内容。大多数作为首页的文件名是 index、default、main 加上扩展名。如图 3.2 所示为一个企业网站的首页。

图 3.2　企业网站首页

（2）网站首页布局的几点建议

☑　首页设计要主题突出，切勿内容琐碎，或画面过于复杂。

☑　避免使用大图片，并且首页颜色最好不超过 4 种，用色要谨慎，当用户打开企业网站时，第一感觉就是对网站颜色的感觉，所以必须考虑颜色明暗、轻重、明快与稳重的搭配。

☑　首页要能够迅速载入。如果载入时间超过 10～15 秒，很多用户就会离开。此外，还要保证在不同浏览器中的兼容性。

☑　首页要有醒目、新颖的画面和美观的字体。图像内容要有一定的实际作用，切忌虚饰浮夸，合适的图像可以弥补文字的不足。

☑　基于清晰度和速度的考虑，首页上的链接项目应只限于几个高级的类别，如公司介绍、产品服务、帮助等，6～8 个链接项目最为理想。提供的产品信息不应埋藏在重重叠叠的页面之下，要在广度和深度之间寻求平衡。

☑　首页设计不要显得零碎，要有明显的模块化，可以使用比较小的图标，但切忌使用小的纯色块，这样容易使网页显得缺乏气度。

☑　首页设计要留有发展的空间，要为企业的业务发展留有余地。

（3）网站首页常见的 6 种布局方式

☑　大框套小框的布局，如图 3.3 所示。

☑　通栏布局，这种布局方式让视线不再受到方框的限制，比大框套小框的布局方式大气、开阔。主视觉部分还可以灵活处理，既可以向上拓展到 Logo 和导航的顶部位置，也可以向下拓展到内容区域，如图 3.4 所示。

☑　导航在主视觉下方的布局。将导航放在 banner 下面，可以弥补 banner 中设计素材被截断的缺点，让设计看上去完整、自然，如图 3.5 所示。

☑　左中右布局，如图 3.6 所示。

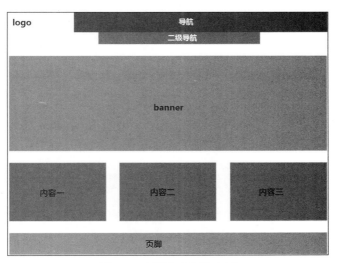

图 3.3　大框套小框的布局

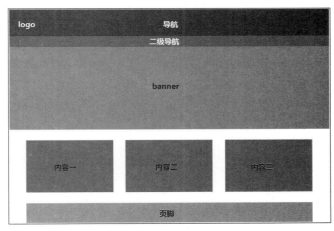

图 3.4　通栏布局

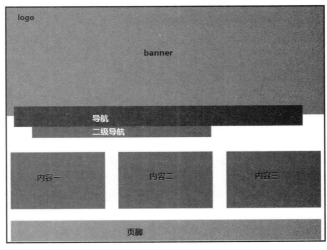

图 3.5　导航在主视觉下方的布局

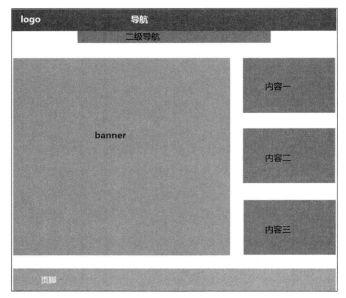

图 3.6　左中右布局

☑　环绕式布局，这种布局方式更加灵活，banner 区域相对较小，可以在页面中放置更多的信息内容，如图 3.7 所示。

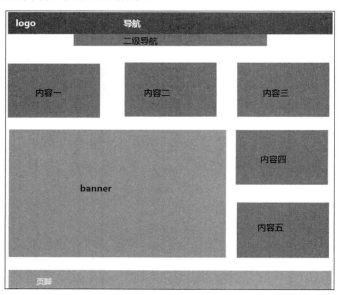

图 3.7　环绕式布局

☑　穿插式布局，这种布局在企业网站中用得不多，banner 区域相对较大，如图 3.8 所示。

（4）网站首页包含的内容

首页的内容包含主题、导航、banner、栏目、内容等。

① 首页主题。首页是网站的核心页面，网站的主题主要是在首页体现的，所以在首

页中需要让用户了解网站是做什么的。

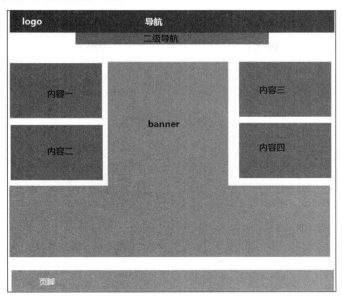

图 3.8　穿插式布局

② banner 条。banner 是网站首页的核心。当用户打开一个网站的首页，最明显的就是 banner 条，所以网站的 banner 条设计要和产品相符，并用文字加以说明。这样用户仅看 banner 条就能知道网站的主题，对产品有初步的了解。

如图 3.9 所示，方框标注部分是企业网站上的 banner 条，通过 banner 上的文字内容，就可以初步了解佰加佰是做教育的培训机构。

图 3.9　网站 banner

③ 首页导航。首页导航是对网站内容的一个细分，相当于网站的菜单，方便用户根据自己的需求选择要浏览的栏目。网站导航要做到分类清晰，导航栏目之间不要重复。

如图 3.10 所示，方框标注的是企业的网站导航。要制作体验良好、可用性优异的导航栏需要做到以下几点：

☑ 一致性，最重要的链接几乎会在每个页面中显示，并且始终保持在相同的位置，起到相同的作用。

☑ 易懂性，让用户始终关注重点，内容简单易懂。直观易懂的短链接更省空间。

☑ 正确的组织结构，合理的链接组织是打造结构良好菜单的基础。

图 3.10 网站首页导航

④ 首页内容的注意事项。网站首页的内容是重中之重。如果要提高网站的转化率，就要把内容建设作为重点。

网站首页的内容安排要遵循以下几点：

☑ 首页要简单明了，重点突出，重点内容在第一屏就能看到。

☑ 不经常更新的内容不要放在首页上。

☑ 把用户关注最多的内容放在首页最重要的位置，这样会降低用户的跳出率，有利于提高网站的转化率。

☑ 图片的大小合适、左右文字图片对称，视觉效果平衡协调。

（5）首页布局规则

☑ 网站的名称一般位于页面上部或左上部，主题要突出显示。

☑ 从用户体验角度出发。普通用户在浏览网页时是自上而下、自左而右进行的，因此页面中各个区域的重要性关系是：左上>右上>左>右>左下>右下。

☑ 栏目一般放在页面中间偏上或左边偏上的位置，用户通过栏目访问网站中的内容，所以栏目要方便用户点击。

☑ 友情链接一般放页面的靠下方的位置。

☑ 版权信息一般放在页面的最下方，因为它对于用户来说是最不重要的内容，但对于网站的作者来说却是不可缺少的。

☑　其他的空白处可放置网站的推荐栏目及主要内容，一般不会有大篇幅的文字出现。

如图 3.11 所示为某企业网站的首页，导航清晰，首页简单明了，重点突出，且符合首页布局的规则。

图 3.11　网站的首页

2.　营销型网站结构与栏目策划

营销型网站的整体框架必须清晰明了，能够对用户起到引导作用，方便用户浏览整个网站。同时，网站结构规划主要考虑用户思维习惯，通过引导用户操作顺利实现预期目标。首先要分析用户心理和企业产品的核心优势。例如，用户最关注的是什么？先让用户了解什么内容，然后了解什么内容？用什么打动客户？所以，规划网站结构时一定要有引导用户购买的意识。

（1）网站层级结构

网站的层级结构就是网站的结构，营销型网站采用的是树状结构，以利于用户浏览阅读，方便搜索引擎抓取。网站结构包含物理结构和逻辑结构两部分。物理结构和逻辑结构的区别在于物理结构由网站页面的物理存放地址决定，而逻辑结构由网站页面的相互连接关系决定。

①　物理结构：是指网站目录及所包含文件所存储的真实位置所表现出来的结构，一般包含两种不同的表现形式：扁平式物理结构和树形物理结构。

☑　扁平式物理结构：所有网页都存放在网站根目录下，适合于小型网站；这种扁平式物理结构对搜索引擎而言是最为理想的，因为只要一次访问即可遍历所有页面。

☑　树形物理结构：对规模大一些的网站，往往需要 2～3 层甚至更多层级子目录才能保证网页的正常存储，即根目录下再细分成多个频道或目录，然后在每一个目录下面再存储属于这个目录的终极内容网页。如图 3.12 所示的网站结构为树形物理结构。

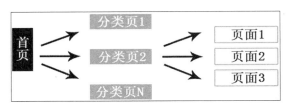

图 3.12　树形物理结构

② 逻辑结构：也称为链接结构，是指由网页内部链接所形成的逻辑结构，通常采用"链接深度"来描述页面之间的逻辑关系。网站的逻辑结构同样可以分为扁平式和树形两种。

☑ 扁平式逻辑结构：网站中任意两个页面之间都可以相互链接，也就是说，网站中任意一个页面都包含其他所有页面的链接，网页之间的链接深度都是 1。实际上很少有单纯采用扁平式逻辑结构作为整站结构的网站。

☑ 树形逻辑结构：指用分类、频道等页面，对同类属性的页面进行链接地址组织的网站结构。在树形逻辑结构网站中，链接深度大多大于 1。

如图 3.13 所示的网站结构为树形逻辑结构，H 表示网站首页；C 表示网站的栏目页；P 表示网站的内容页。

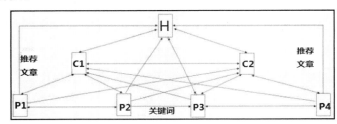

图 3.13　树形逻辑结构

（2）网站栏目规划

栏目是指网页中存放相同性质内容的区域。把性质相同的内容安排在网页的相同区域，可以帮助用户快速获取所需信息，对网站内容起到非常好的导航作用。建设一个网站好比写一篇文章。首先要拟好提纲，这样才能使文章的主题明确，层次清晰。所以栏目的实质是网站的大纲索引，索引应该将网站的主体结构明确地显示出来。

① 一般的网站栏目规划要注意以下几个方面。

☑ 紧扣主题：将主题按一定的方式分类并将其作为网站的主题栏目。主题栏目个数在总栏目中要占绝对优势，这样的网站显得专业，主题突出，容易给人留下深刻印象。

☑ 设立最近更新或网站指南栏目：设立"最近更新"栏目，是为了照顾常来的访客，让自己的主页更加人性化。如果主页内容庞大且层次较多，又没有站内的搜索引擎，设置"本站指南"栏目就可以帮助初访者快速找到他们需要的信息。

☑ 设立下载或常见问题解答：栏目网络的特点是信息共享。例如，在主页上设置一个资料下载栏目，可便于访问者下载所需资料。另外，如果站点经常收到用户关于某方面问题的来信，最好设立一个常见问题解答栏目。这样既方便了用户，也可以为自己节约更多的时间。

如图 3.14 所示为一个网站的问答栏目页面，可方便用户，解决用户的问题。

图 3.14　问答栏目页面

② 内容决定形式，不同的内容决定网站栏目的不同，下面是网站栏目的几种常见形式。

☑　以显示信息的文字链接为主，辅以少量图片，如资讯、BBS 等。

☑　以图片为主，辅以少量文字，如相册、图库等。

☑　以音、视频为主，如新闻播报、访谈、影视节目等。

☑　以下载为主，如软件、电子书等。

如图 3.15 所示是某网站的栏目页，以信息的文字链接为主。

图 3.15　网站的栏目页

3. 面包屑导航规划

网站中的面包屑导航是一种作为辅助和补充的导航方式，能帮助用户明确当下所在的网站内位置，并快捷地返回之前的路径。也是用来表达网站内容归属关系的界面元素。

（1）面包屑导航的作用

☑ 用户通过面包屑导航能清晰地知道目前所处位置，以及当前页面在整个网站中的位置。

☑ 可以很好地展现网站的结构层次，以便用户可以在很短的时间内快速了解网站内容和组织方式，从而形成很好的位置感，在很大程度上提升用户体验。

☑ 能够迅速精准地找到其他各级栏目的入口，节省用户的操作时间。

☑ 降低网站跳出率，合理的面包屑导航可以很好地引导用户到其他页面，不仅增加用户在网站的停留时间，也降低了网站的跳出率。

如图 3.16 所示，导航下面的小字区域就是面包屑导航。

图 3.16　面包屑导航

（2）面包屑规划遵守的原则

☑ 用词精简准确并且唯一，每一个产品页面都有属于它的唯一导航。

☑ 网站的内部链接应该显示网站的层次。

☑ 面包屑导航必须要使用文字，不要使用图片或 JS。

☑ 面包屑导航中尽量出现关键字。

（3）面包屑导航的样式

☑ 色彩上主要以黑、灰为主，形状上可以采用单独连接符号，多考虑关键字之间的包含关系，并且具有指示性。

☑ 用来分隔不同层级，最常见的是大于符号（>），常见的使用方法是"父类别 > 子类别"。当然，分隔符的使用并不拘泥于这一种，有使用箭头（→）的，还有使用书名号（»）的，也有使用斜杠（//）的。使用哪种分隔符通常取决于整体风格。例如，首页>栏目页>三级分类>……>内容详情页页面。

（4）面包屑导航的位置

面包屑导航通常是在页面的左上方居多，如图 3.17 所示。

图 3.17　面包屑导航的位置

3.1.2　网站内容

网站的内容主要包括网站文章内容和网站的着陆页/考题页。

1. 网站文章内容

网站的长期发展取决于能否长期为访问者提供有用的信息，这也是网站自身发展的需要。信息资源与数据的真实可信，即内容的准确性，决定了网站的公信力。因此，设计网站文章内容时主要考虑以下几个方面。

（1）文章质量：文章每个段落都围绕标题撰写。一篇高质量的文章会吸引很多用户浏览，并且更容易让搜索引擎抓取。

（2）文章相关性：文章内容要与网站定位、网站产品等有相关性，例如，卖衣服的网站中可以发布服装类的文章。

（3）权威性：具有威望和知名度的人提供的信息越多，或网站具有深度或前瞻性的文章越多，网站就越有权威性。

（4）独特性：反映本网站信息与其他网站信息资源的区别，内容的独特性要具备两点。

☑　个性化，信息内容要具有自己的个性特色。

☑　内容的独有性，在其他网站中无法获得的信息资源。

（5）新颖性：是指文章内容的更新速度快、周期短，保持网站旺盛的生命力。文章信息的时效性越强，对访问者的吸引力越大。

2. 着陆页/专题页

网站着陆页就是用户进入网站的起始或入口页面，形象地讲，就是用户在这个页面"着陆"。这个页面一般要具有一定的引导性，又叫引导页。

（1）着陆页作用

☑　给网站带来流量，吸引部分用户。

☑　提高网站被搜索的几率。

☑　将用户需要的信息集中展示，方便用户浏览。

☑　将大量数据分门别类地展示给用户，体现网站内容的权威性。

☑　提升转化率。

（2）着陆页内容

☑ 公司简介及优势。

☑ 分析行业环境，让用户意识到这种需求的紧迫性。

☑ 突出产品的特色优势，把产品的核心优势罗列出来。

☑ 增加产品的附加价值。

☑ 给用户"算算账"：投入产出比，促进用户产生决策。

☑ 打消用户的顾虑，如用户真实评价、资质认证、名人效应之类的等。

☑ 着陆页的目标：如注册、咨询、下单、关注公众号、参与活动等。

如图 3.18 所示为一企业网站的着陆页，其中突出了公司的品牌实力、保障，以及加盟幼儿园后的好处等，并引导访问者在网站留言。

图 3.18　着陆页

3.1.3　网站营销功能

网络经济的崛起速度之快，是近年来任何一个行业都无法与之匹敌的，在这个市场不断地发展和完善的过程中，越来越多的企业将互联网当作销售的重要渠道。营销型网站帮助企业将产品销售出去，既有实现产品形象的展示窗口，又有完善的体验互动功能，同时具备完善的销售及用户管理功能。更重要的是营销型网站还具备适合网络推广、最佳的搜索引擎表现、网站监控与管理等功能。所以，从营销的角度来讲，网站不仅是一个企业的网上门面，更是一个重要的营销工具。企业网站的网络营销价值是通过一些具体的表现形态体现出来的，一个具备网络营销功能的网站，才能成为综合性网络营销工具。企业网站的网络营销功能及实现方式如下：

（1）信息发布。包括企业介绍、企业新闻、产品知识、新产品促销、专题活动、企业博客等信息。内容创建及发布，通过网站的信息发布功能实现。

（2）网站品牌。涉及网站域名与品牌的一致性、品牌形象展示、企业资信证明、网站建设专业度、网站在同行中的领先水平、网站可信度、网站访问量排名等。

（3）产品/服务展示。符合网站规范的产品图片及文字描述、规格、技术文档等相关资料。

（4）在线客户服务。以网页浏览方式发布的常见问题解答（FAQ）、博客；回答用户提问的网络工具，如电子邮件、在线表单、即时通信聊天、微博互动交流等。

如图 3.19 所示为企业网站常见的问题解答页面。

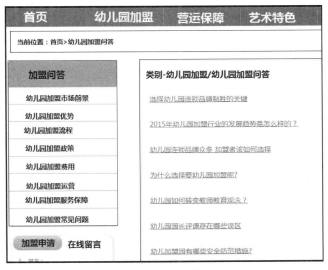

图 3.19　问题解答页面

如图 3.20 所示，界面右侧显示的为在线咨询工具——百度商桥。访问者可以通过百度商桥随时向企业的在线客服咨询交流。

图 3.20　在线咨询工具

（5）在线客户关系。涉及以维护长期客户关系为目的的各种服务，如网络社区、电子刊物、即时信息、企业博客、微博等。

（6）在线调查。通过网站上的在线调查表，或者通过电子邮件、论坛、实时信息、微博等方式征求顾客意见，获得有价值的用户反馈信息，实现一定的在线调查功能。大型知名企业网站的在线调查通常更为有效。

（7）营销资源积累。站内网页内容资源以及推广资源是企业网络营销资源的基础；

通过相关网站之间的互换广告、链接及内容合作等方式实现网络营销资源互换是最基础的网络营销资源积累；获得用户注册和长期访问/购买及更多用户推广，是深层次的网络营销资源积累。

如图 3.21 所示为中公教育网站提供的友情链接。

图 3.21　友情链接

如图 3.22 所示为企业网站上的注册页面，可通过网站获取访问者注册信息。

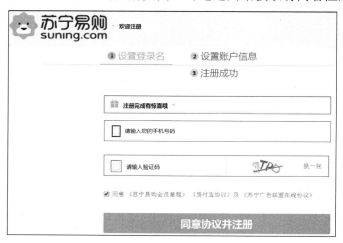

图 3.22　网站注册页

（8）网上销售。具备在线交易功能的企业网站本身就是一个网上销售渠道，越来越多的网站通过官方网站开设网上商城直接销售本公司产品。

如图 3.23 所示为京东网站的结算页面。

图 3.23　网站结算页面

3.1.4　案例

下面提供两个具体案例。

☑　案例 1：如图 3.24 所示为企业网站中高考升学的首页，内容简洁，突出主题，并对目标人群分类，即统招二本的用户和网络与就业的用户等。

图 3.24　高考升学首页

☑　案例 2：如图 3.25 和图 3.26 所示为某企业网站的统招二本页面，页面广告突出主题，并且对人群又一次划分，有点击咨询的入口，方便访问者随时向企业咨询，提升用户体验的同时，也提供了营销型网站应具备的交互功能。页面下方还有推荐的院校等信息，供访问者参考。

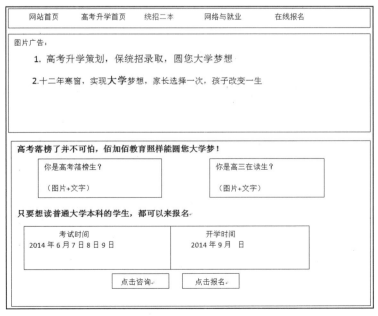

图 3.25　统招二本页面 1

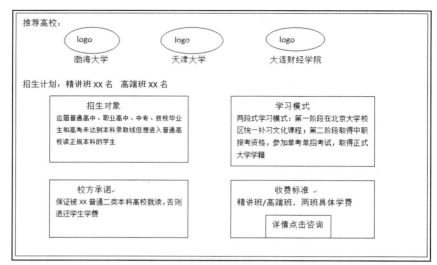

图 3.26　统招二本页面 2

3.1.5　用户体验

用户体验（User Experience，UE/UX）是用户使用一个产品（服务）的过程中建立起来的纯主观的心理感受。

对于界定明确的网站用户群体来讲，其用户体验的共性是能够由良好网站策划设计、测试及优化得到的。例如，用户访问网站，是一个自助的行为。不是被迫地接受企业的网站，用户随时会退出网站，所以网站策划与布局就要有如履薄冰的感觉，像对待上帝一样对待企业的用户。现在，企业为了获得市场份额，必须真正地关注网站内容及用户的感受，因为用户的体验直接关系到网站推广的投入产出比（ROI）。

用户体验的核心是以用户为中心的网站策划及设计。以用户为中心的设计思想是：在策划网站的每一个步骤中，都要把用户列入考虑范围。网站用户体验的策划与设计体现在客户与网站所发生的一切互动，包括浏览企业网站，查看帮助中心、广告、邮箱以及通过即时通信工具的沟通等，最终形成用户对网站整体的感知和体验。

网站的核心是用户，搜索引擎所服务的对象也是用户，因此要提高网站用户体验，建议从 7 个方面去策划和设计：网站性能、视觉设计、导航分类、搜索功能、网站内容、交互设计、登录（付款）方式，如图 3.27 所示。

（1）网站性能：网站页面打开速度要快。亚马逊网站曾经做过相关测试跟踪，统计显示 0.1 秒的网页延迟，会直接导致客户活跃度下降 1%。

（2）视觉设计：颜色搭配要符合网站定位，风格设计要符合目标用户喜好，这是决定用户是否驻足网站的关键。

（3）导航分类：导航分类要合理，分类标题与内容页要有效对应，因为这将直接影响用户的浏览体验和使用用户进入企业网站的目标的达成。

（4）搜索功能：对于产品多的网站，用户登录网站后首先要做的一般是站内搜索，尤其是电商网站。站内搜索功能的易用性将极大程度影响销售成单。

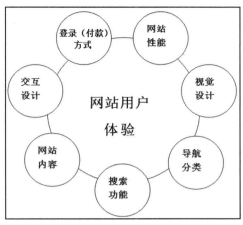

图 3.27 网站用户体验七要素

（5）网站内容：网站运营内容为王，企业动态或通告要及时更新，产品的文章内容要有专业性及唯一性。

（6）交互设计：包含 3 个方面——界面设计、导航设计和信息设计。界面设计不仅涉及视觉色彩，还包括网站提供给用户的功能；信息设计就是通过网站传达给用户某些信息，用户可通过这些信息了解自己正在进行的某些任务和下一步应该如何完成某些任务。

（7）登录（付款）方式：登录方式的多样性非常重要，网站是否支持使用新浪微博、QQ 或微信等账户快速登录，已成为不可或缺的一个功能。付款方式多样主要指电商类网站，因个人线上付款习惯差异较大，因此是否支持网银、支付宝等多方式付款，将直接决定订单成交率。

3.2 网 站 测 试

网站测试是指当一个网站制作完上传到服务器之后，针对网站的各项性能情况的一项检测工作。

网站的设计和编程全部做完之后，就要对网站进行测试和上传。首先应该将网站上传到网站空间，然后对网站进行测试，同时也是对网站空间进行测试。一般来说，需要测试的是网站页面的完整程度、网站编程代码的繁简程度和完整性，网站空间的链接速度和网站空间的加压测试承受度等。具体测试包括以下几点。

1. 性能测试

☑ 连接速度测试，用户连接到电子商务网的速度与上网方式有关，例如，电话拨号和宽带上网速度不同。

☑ 负载测试，在某一负载级别下，检测电子商务系统的实际性能。也就是能允许多少个用户同时在线。可以通过相应的软件在一台客户机上模拟多个用户来测试负载。

☑ 压力测试，是测试系统的限制和故障恢复能力，也就是测试电子商务系统会不会崩溃。

2. 安全性测试

需要对网站的安全性（服务器安全，脚本安全）可能有的漏洞进行测试，如攻击性测试、错误性测试。对电子商务的客户服务器应用程序、数据、服务器、网络、防火墙等进行测试，用相对应的软件进行测试。

3. 基本测试

基本测试包括色彩的搭配，连接的正确性，导航的方便和正确性，CSS 应用的统一性。

本 章 总 结

- ☑ 营销型网站架构策划及布局。
- ☑ 营销型网站应具备的营销功能。
- ☑ 常见的营销型网站首页布局方式。
- ☑ 用户体验的重要意义。

本 章 作 业

（1）网站首页布局的规则有哪些？
（2）网站栏目的规划要点是什么？
（3）什么样的网站内容对企业更有营销价值？
（4）网站良好的用户体验对企业意味着什么？

网站更新维护

本章简介

目前中小企业已认识到互联网对企业发展的影响，都想通过网站给企业带来商业价值，所以网站的作用不仅是展示企业形象及产品，而更多的是想带来收益。那就需要对企业和网站结合起来进行全面分析，网站的策划就是从企业、市场、用户、营销等各个方面来对网站的整体进行策划。之后的设计工作就需要结合功能、优化目的、美工等各个方面来进行。再之后的运营、优化、推广等工作则是让网站给企业带来利益，而不只是展示作用。一个量身定做并且进行良好维护的网站可以帮助企业在互联网的竞争中获得更多的优势。

网站维护是为了让企业的网站能够长期稳定地运行在 Internet 上，一个好的网站需要定期或不定期地更新内容，不断地吸引更多的浏览者，增加访问量，在瞬息万变的信息社会中抓住更多的网络商机。

本章主要讲解网站内容维护和更新、网站系统维护、网站链接维护、网站安全维护等知识。

本章工作任务

> ➢ 了解网站维护在网站运营中的重要性。
> ➢ 掌握网站内容更新包含的内容及方法。
> ➢ 网站安全维护的工作内容。

本章技能目标

> ➢ 掌握网站产品信息更新的要点。
> ➢ 掌握网站系统维护的内容。

➤ 掌握网站 banner 的重要性及更新要求。

预习作业

➤ 网站图片的作用及更新要求。
➤ 网站友情链接维护的注意事项。
➤ 网站遇到问题，紧急恢复前要做的工作。

4.1 网站维护的概念

网站维护是指网络营销体系中一切与网站后期运作有关的维护工作，为了保证网站能够正确、正常地进行，不断满足访问者和企业需求，及时地调整和更新网站内容，在发展迅速的互联网中保持优势地位，抓住更多的网络商机。

4.2 网站内容维护和更新

对于网站运营来说，只有不断地更新内容，才能保持网站的生命力，否则网站不仅不能起到应有的作用，反而会对企业形象造成不良影响。内容更新是网站运营维护过程中的一个重点工作。网站内容维护和更新可以使网站长期顺利地运转。

4.2.1 产品信息的更新和维护

随着企业的发展，一定有一些新产品、新服务问世，网站的一些促销信息随着时间的流逝而失去效用，那么就要及时更换网站的内容，让用户感到网站在不断地更新，不断有新内容可以浏览，这样，用户才肯再次访问网站。产品信息更新时注意以下几点：

（1）对经常变更的信息（如新闻），尽量用结构化的方式（如建立数据库、规范存放路径）管理，以避免数据杂乱无章。不但要保证信息浏览的方便性，还要保证信息维护的方便性。

（2）选择合适的网页更新工具。收集信息后，采用不同的方法，效率会大不同。例如使用 Notepad 直接编辑 HTML 文档与用 Dreamweaver 等可视化工具相比，后者的效率会高很多。如果既想把信息放到网页上，又想把信息保存起来，那么采用把网页更新和数据库管理结合起来的工具效率会更高。

（3）标题不能偏离主题也不能重复，文字之间不能有空格存在。避免各种简称，严禁出现错别字。

（4）正文不能有汉字的错别字和英文的错误拼写，无汉字标点符号错误，文字之间不要存在多余的空格。行与行之间不要存在多余的空行，页面的整体版式必须统一。

（5）内容中嵌入网站内链不能重复，而且意义要明确，在内容中不要将两个不同的关键词链接到同一个目标页面，目标页面必须是围绕当前关键词展开描述的。

如图 4.1 所示，开头部分加入了"癌症"这个链接，单击"癌症"可进入癌症相关页面。

图 4.1　内链

（6）在复制内容时，要注意文章中是否有其他网站的链接、相关文字或垃圾标签。减少空格的使用，尽量采用 HTML 标签和 CSS 进行控制，让页面干净整洁。

（7）发布信息前审核文章内容，确保发布的新闻没有重复。

4.2.2　网站风格的更新

网站风格是指网站页面设计上的视觉元素组合在一起的整体形象带给访客的直观感受。这个整体形象包括网站的配色、字体、页面布局、页面内容、交互性、海报、宣传语等因素。网站风格一般与企业的整体形象相一致，例如，企业的整体色调、企业的行业性质、企业文化、提供的相关产品或服务特点都应该在网站的风格中得到体现。

网站风格最能传递企业文化信息，所以好的网站风格不仅能帮助客户认识和了解网站背后的企业，也能帮助企业树立别具一格的形象。独特的网站风格将直接给自身网站和所处行业的其他网站营造清晰的辨识度。随着互联网的影响力不断提升，网站成了企业让客户了解自身最直接的一个门户，通过自身网站的辨识度在众多网站中脱颖而出，迅速帮助企业树立品牌，提升企业形象。

既然网站风格传达一个网站或企业的形象，就不要频繁变动，但这并不意味着永远不变，变换网站风格可以半年一变或一年一变，最好是随着特别的节日或公司的产品项目变化。网站风格改版是为用户需求和商业需求服务。改版建议如下：

（1）导航要清晰合理，提升用户体验。

（2）对企业所在行业深度分析，包括行业特征、客户特征、客户需求。

（3）对原有网站整体诊断、分析，并总结存在的问题，确定改版的具体细节。

（4）针对改版后的网站进行用户满意度调查，或根据统计工具的数据进行评估，及时优化调整改版后网站功能和栏目中不太合理或不足的地方，最大限度地满足目标用户的需求。

如图 4.2 所示为京东网站首页改版前的样式。

图 4.2　京东网站改版前样式

如图 4.3 所示为京东网站首屏改版后的样式。

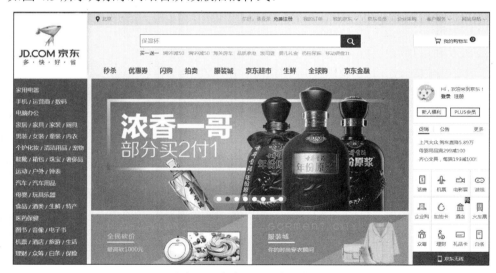

图 4.3　京东网站改版后样式

通过图 4.2 和图 4.3 的对比，上导航、左导航及首屏 banner 尺寸都有改变，并且右侧功能结构又增加了 5 个功能。为了确保首页改版符合用户需求，京东进行了为期近 2 个月的测试，获取了大量用户的反馈。通过数据统计，新首页在点击率、平均访问深度、页面停留时间、订单转化率等指标上全面超出旧版。同时，不少参与到测试中的用户评价京东新首页更有吸引力，感觉更亲切，推荐也更加精准。京东此次改版体现出其用户体验至上的思路以及对不同需求用户的包容，也有效配合了京东扩展产品线的战略实施，为用户提供全品类平台的购物体验。

4.2.3 网站 banner 更新

banner 是网站的第一屏中导航下面的图片。打开网站时首先出现的就是网站的头部与网站的定位语，向下就是网站的主要广告图片（banner），banner 会影响网站的整体视觉效果。

banner 分为两部分，一为文字，二为辅助图。辅助图虽然占据较大面积，若不加文字的说明，很难让用户知道这个 banner 要说明什么。文字是整个 banner 的主角，banner 最主要的是标题，但辅助视觉图起着烘托标题文字的作用。在更新网站 banner 时，需要考虑以下几点。

1. 突出产品主题

网站的 banner 一定要突出产品主题，让用户一眼就能识别广告含义，减少过多的干扰元素。如图 4.4 所示的 banner 突出了企业的产品主题，并且没有过多的干扰元素。

图 4.4 网站 banner1

2. 不要过多堆积产品

banner 的显示尺寸有限，不要把 banner 排得太密，要留出一定的空间，这样既减少了 banner 的压迫感，又可以引导读者视线，突出重点内容。如图 4.5 所示的企业网站 banner 中文字内容过多，产生一种压迫感。

图 4.5 网站 banner2

3. 快速抓住客户心理

用户浏览网页的集中注意力一般只有几秒钟，所以需第一时间进行产品的展示，命中主题。并配以鼓动人心的措辞口号引导用户。如图 4.6 所示的 banner 突出主题，贴切的广告语能快速抓住租车用户心理。

图 4.6　网站 banner3

4. 降噪原则

颜色过多、字体过多、图形过繁，都是分散读者注意力的"噪音"。

5. 对比原则

加大不同元素的视觉差异，这样既增加了 banner 的活泼感，又突出了视觉重点，方便用户一眼浏览到重要的信息。

4.2.4　网站内部图片的更新

网页是由图片、文字、链接、多媒体组成，在这些元素中，图片起到了至关重要的作用。

图片不仅能够增加网页的吸引力，同时也提升了用户体验，清晰整洁的图像比模糊不清的图像更能显示产品质量并激发用户兴趣。

1. 图片更新的作用

☑　强化表现：选择的图形图像能更好地突出主题，对内容起到一定的说明作用。利用视觉的形象来让浏览者产生联想，从而进一步烘托和深化主题。

☑　增强趣味：在形式上增强阅读的趣味性。当有大量文字信息的情况下通过加入图形图像，可以提升浏览者阅读的兴趣，吸引浏览者的目光，使其愿意阅读下去，从而达到传播信息的目的。

☑ 传达信息：图形图像的应用是传达信息的重要手段之一。图形图像较之文字更容易引起浏览者的关注，且比文字更直观、通俗地将相关理念、意境等信息直接、形象、高效地传达给受众，从而达到营销的目的。

2. 图片更新要求

☑ 产品图像清晰，产品细节清晰。如图 4.7 所示的手机图片细节突出，焦点清晰。

☑ 图片应从正确的角度展示产品，避免产品图片倾斜、倒置等问题。

☑ 产品图片不要有反光以及其他影响产品图像的因素。如图 4.8 所示的产品图片有反光，不仅体验度不好，并且影响杯子的质量效果及销售。

图 4.7   手机图片

图 4.8   杯子图片

☑ 产品不要带包装，除非包装是产品独特卖点的一部分（例如，产品和包装是成套出售的）。即使需要展示，也要确保包装清晰。

☑ 图片要做好分类处理，可以方便查找与更新，还可以提高网站的专业性，便于网站管理。

4.3   网站系统维护

网站系统维护，要能够确保网站正常、安全地运行。网站系统主要包括网站服务器、网站域名、企业邮箱等。

4.3.1   网站服务器维护

服务器维护是维护服务器每天的正常运作，保障网站能正常访问。建议对服务器进行每周两次的病毒扫描，每周一次的系统漏洞扫描，以保障网站的正常访问和浏览速度。

4.3.2   网站域名维护

域名相当于一个家庭的门牌号码，别人通过这个号码可以很容易地找到你。域名资源具有唯一性，不仅代表了企业在网络上的独有标识，也是企业的产品、服务、形象、商誉等的综合体现，是企业无形资产的一部分。域名的价值也会随着它的影响力而不断提高，所以域名对于企业网站来说非常重要。网站域名维护主要包括以下两方面内容：

- ☑ 域名要按时续费。如果没有按时续费，将导致网站不能正常访问，等续费后网站重新开通也要 48 小时后才能生效，网站才能恢复正常访问，因此域名到期一定要按时续费，避免给企业带来损失。
- ☑ 如果网站空间交换了，那域名就要重新解析。

4.3.3 企业邮箱维护

企业邮箱是以企业自己的域名为后缀的信箱，例如，name@企业域名。企业邮箱已经成为企业日常运营的工具，不仅能够提高工作效率，而且还能增进企业内部沟通和协同办公能力。企业邮箱的日常维护工作包括以下方面：

（1）保障企业邮箱的安全性、稳定性，避免企业信息的安全问题。

（2）根据需要设置不同员工的企业邮箱的管理权限，以及部门成员之间或者公司全体员工之间的群发功能等。

（3）企业员工离职时，企业邮箱及时收回，将业务联系保留和延续下来。

4.4 网站链接的维护

网站链接分为内链和外链。内链是指本站内部的链接，外链是指外部网站指向本站的链接，包括交换链接和单向链接。

1. 内部链接维护

网站在运行过程中，由于对网页的删除、路径的更改等会导致链接错误（失效），网站内部链接的维护工作主要是及时发现并清除这些失效的链接，提升用户体验度和搜索引擎的友好度。

2. 外部链接维护

企业的网站在运营过程中，需要更多高质量的外部链接，便于提升企业网站的自然排名，因此在外部链接的维护工作中需要及时发现失效、不相关的链接或链接陷阱等，确保外部链接建设是有效的。

3. 交换链接（友情链接）维护

对于已有的友情链接，要经常检查友情链接是否能正常访问，查看内容是否合法，有没有加 nofollow 等；对于新的友情链接请求，要评估此链接是否正常，内容与本网站的相关性，网站权重等，然后再决定是否可以作为友情链接。

4.5 网站安全维护

网站安全是指为了防止网站受到入侵者对其网站进行挂马、篡改网页等行为而做出一系列的防御工作。网站的安全隐患主要是因为有漏洞存在，网站维护的基础工作是及时发现以及修补漏洞。网站安全维护包括数据库维护、网站紧急恢复、网站杀毒、垃圾文件清理等。

4.5.1 网站数据库维护

网站数据库就是动态网站存放网站数据的空间，也称数据库空间。现大多网站都是用ASP、PHP开发的动态网站，网站数据有专门的数据库来存放。网站数据可以通过网站后台直接发布到网站数据库，网站则对这些数据进行调用。所以数据库对网站来说是重中之重，由此决定了数据库维护的重要性。数据库维护工作包括以下几方面。

1. 数据库安全性控制

为了保障数据库中的企业业务数据不被非授权的用户非法窃取，需要对数据库的访问者进行限制，主要措施有以下两种。

☑ 用户身份鉴别：用户身份鉴别的手段有很多，可以使用口令、磁卡、指纹、虹膜等技术，只有拥有合法身份的用户才可以进入数据库。

☑ 存取权限控制：不同的角色，对数据库中数据的存储权限是不同的，必须为每个角色设置其访问的数据库对象、权限，如表4.1所示。

表 4.1 存取权限控制

角 色	对 象	权 限
会员管理	会员表	插入、修改、删除

2. 数据库的正确性保护、转储与恢复

☑ 定期备份，将数据库的内容转存到其他地方。

☑ 对每次应用数据库的过程进行记录，以便出现错误时可以检查错误的来源。

☑ 日志的使用与备份。

☑ 一旦系统出现错误，利用备份数据恢复系统到故障前的某一个点。

3. 数据库的重组织

数据库的重组织就是重新安排数据在磁盘上的存储位置，使相关的数据尽量存放在相同位置。

例如，家里的衣柜每到换季时就要重新整理，把经常穿的衣服放在触手可及的地方，把暂时不穿的衣服放到箱底。假设硬盘就是一个存放数据的柜子，随着用户频繁的插入、修改、删除操作，数据的存储变得杂乱无章，当在这样的数据库中查找数据时，查找的效率会非常低，数据库的重组织就是解决这一问题的方法。

4. 数据库的重构造

数据库的重构造就是改变数据库表的某些结构的工作。

数据库使用过程中，发现有些字段的长度不能满足需要，数据类型不便于数据处理，某些业务需要的属性没有考虑，在设计数据库表结构时没有设计相应的字段，这时需要重新设计数据库中表的结构。

4.5.2 网站紧急恢复

面对错综复杂的网络环境时，很多情况是无法掌控和预测的，如黑客入侵、硬件损坏、人为误操作等，这些都能对网站产生毁灭性的打击，所以，定期备份网站数据，才能保证网站的正常运作，最大限度地保证网站的安全性和完整性。

网站备份简单来说就是整站备份和数据库备份。当然备份的时间间隔应该根据自身网站的使用程序和 IDC 的稳定情况而定，有针对性地采用多种备份相结合的方式对网站进行保护。

1. 整站备份

在遇到网站模板的变更、网站功能的增删等情况前就要进行网站的备份，保证网站在出现改动错误后可以恢复改动前的状态。

2. 数据库备份

建议每周备份一次数据库。

4.5.3 其他网站安全维护

1. 网站杀毒

定期检测和进行漏洞扫描，尽可能避免网站在运营过程中感染病毒。

2. 垃圾碎片清理

每周对网站垃圾碎片进行清理，因为过多的垃圾文件（包括.tmp、._mp、*.log 等文件）会影响网站的访问速度。

3. 网站攻击抵御

根据当时被攻击情况，通过临时关闭端口、转域、封 IP 等做法抵御攻击。

4.5.4 网站程序维护

网站程序是用编程语言写好的软件，用来运行网站。不同网站类型需要的程序是不一样的，而且不同的程序会带来不同的效率以及用户体验度。网站程序的维护，主要是功能的完善修复、模块的开发等。具体介绍如下。

（1）修正页面程序运行错误，对原功能做细节的调整。

（2）程序漏洞检查、测试，包括防止 SQL 注入、加密、数据备份、使用验证码等加强安全保护措施，确保程序正常运行。

（3）安全性检测，确保网站正常访问。

（4）网站操作日志分析，查看网站状态码是否正常，以此来确定网站程序或服务器是否存在问题。

本 章 总 结

☑　网站维护的重要作用。

☑　网站维护的重点内容。

本 章 作 业

（1）网站安全维护包括哪些？

（2）网站产品信息更新的注意事项有哪些？

（3）网站图片的作用及更新要点是什么？

第5章

网站运营推广

本章简介

网络推广是目前投资最少、见效最快、效果最好的扩大企业知名度和影响力的形式，通过网络提高知名度，是实现预期目标的最有力保证之一。对企业而言，经过运营推广的网站可以更好地提高企业知名度、快速获得统计数据和反馈信息，给企业带来更多的商业价值。

本章主要讲解多种网络营销方式、营销方式的特点、网站运营推广目标及方向等知识。

本章工作任务

> 了解网络营销的概念。
> 了解网站运营推广的目的和方向。
> 掌握不同类型网站推广的思路。
> 了解网络营销的优势及作用。
> 了解各种网络营销方式。

本章技能目标

> 掌握网站推广的方式。
> 了解各种营销方式的特点。
> 掌握网站运营推广的目的和方向。
> 了解不同类网站的推广方式。

预习作业

➢ 网站运营推广的方向。
➢ 网站运营推广过程中的 3 个指标。
➢ 营销型网站推广的思路。
➢ 网络营销的方式。

5.1　网　络　营　销

5.1.1　什么是网站推广

网站推广就是以互联网为基础，借助平台和网络媒体的交互性来辅助营销目标实现的一种新型的市场营销方式，因此又称为网络营销。

网络营销是企业整体营销战略的一个组成部分，是为实现企业总体经营目标所进行的以互联网为基本手段营造网上经营环境的各种活动。可以利用多种手段，如 E-mail 营销、博客与微博营销、网络广告营销、视频营销、媒体营销、竞价推广营销、SEO 优化排名营销等。简单地说，网络营销就是以互联网为主要平台进行的、为达到一定营销目的的全面营销活动。

网络营销的特点如下。

☑　基于互联网，以互联网为营销媒体。
☑　属于营销范围，是营销的一种表现形式。

企业网络营销包含企业网络推广和电子商务两大要素，网络推广就是利用互联网进行宣传推广活动；电子商务指的是利用简单、快捷、低成本的电子通信方式，买卖双方无须谋面地进行各种商贸活动。

5.1.2　网络营销的优势

网络营销具有以下优势。

（1）网络媒体具有传播范围广、速度快、无地域限制、无时间约束、内容详尽、多媒体传送、形象生动、双向交流、反馈迅速等特点，可以有效降低企业营销信息传播的成本。

（2）网络销售无店面租金成本，具有实现产品直销的功能，能帮助企业减轻库存压力，降低运营成本。

（3）国际互联网覆盖全球市场，企业可方便快捷地进入任何一国市场。

（4）网络营销具有交互性和纵深性，它不同于传统媒体的信息单向传播，而是信息互动传播。通过链接，用户只需简单地单击鼠标，就可以从企业的相关站点中得到更多、更详尽的信息。另外，用户可以通过广告位直接填写并提交在线表单信息，企业可以随时得到宝贵的用户反馈信息，进一步减少用户和企业、品牌之间的距离。同时，网络营销可以提供进一步的产品查询需求。

（5）成本低、速度快、更改灵活。网络营销制作周期短，即使在较短的周期进行投放，也可以根据客户的需求很快完成制作。而传统广告制作成本高，投放周期固定。

（6）多维营销。纸质媒体是二维的，而网络营销则是多维的，能将文字、图像和声音有机地组合在一起，传递多感官的信息，让用户身临其境般感受商品或服务。网络营销的载体基本上是多媒体、超文本格式文件，广告受众可以对其感兴趣的产品信息进行更详细的了解，使消费者能亲身体验产品、服务与品牌。

（7）更具有针对性。通过提供众多的免费服务，网站一般都能建立完整的用户数据库，包括用户的地域分布、年龄、性别、收入、职业、婚姻状况、爱好等。

（8）有可重复性和可检索性。网络营销可以将文字、声音、画面完美地结合之后供用户主动检索，重复观看。而与之相比，电视广告却是让广告受众被动地接受广告内容。

（9）受众关注度高。据资料显示，电视并不能集中人的注意力，在看电视的同时，40%的人在阅读，21%的人在做家务，13%的人在吃喝，12%的人在玩赏它物，10%的人在烹饪，9%的人在写作，8%的人在打电话。而在网上浏览的同时 55%的人不做其他事，只有 6%的人在打电话，5%的人在吃喝，4%的人在写作。

（10）网络营销缩短了媒体投放的进程。企业在传统媒体上进行市场推广一般要经过3 个阶段：市场开发期、市场巩固期和市场维持期。在这 3 个阶段中，企业要首先获取消费者的注意力，创立品牌知名度；在消费者获得品牌的初步信息后，推广更为详细的产品信息，然后建立和消费者之间较为牢固的联系，以建立品牌忠诚度。而互联网将这 3 个阶段合并在一次广告投放中实现：消费者看到网络营销，单击后获得详细信息，并填写用户资料或直接参与广告中的市场活动，甚至直接在网上实施购买行为。

5.1.3　网络营销的目标

1．品牌曝光

网络营销的重要任务之一就是在互联网上建立并推广企业的品牌，以及让企业的网下品牌在网上得以延伸和拓展。

2．网站推广

网站推广是网络营销最基本的职能之一，是网络营销的基础工作。

3．信息发布

网站是一种信息载体，通过网站发布信息是网络营销的主要方法之一，也是网络营销的基本职能。

4．销售促进

大部分网络营销方法都与直接或间接促进销售有关，但促进销售并不限于促进网上销售，事实上，网络营销在很多情况下对于促进网下销售十分有价值。

5. 网上销售

网上销售渠道建设也不限于网站本身，还包括建立在综合电子商务平台上的网上商店，以及与其他电子商务网站不同形式的合作等。

6. 顾客服务

互联网提供了方便的在线用户服务手段，从形式最简单的 FAQ，到邮件列表等各种即时信息服务，用户服务质量的好坏对于网络营销效果具有重要影响。

7. 用户关系

良好的用户关系是网络营销取得成效的必要条件，通过网站的交互性、用户参与等方式，在开展用户服务的同时，也增进了用户关系。

8. 网上调研

网上调研不仅为制定网络营销策略提供支持，也是整个市场研究活动的辅助手段之一。

5.1.4 网络营销的方式

网络营销的方式包括搜索引擎营销（SEM）、搜索引擎优化（SEO）、电子邮件营销（EDM）、网络展示广告、即时通讯营销、博客营销、网络视频营销、微博营销、论坛营销、微信营销、软文营销、自媒体营销、O2O 立体营销、体验式营销等，如图 5.1 所示。

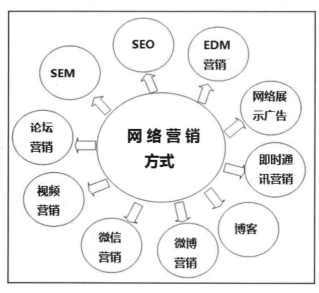

图 5.1　网络营销方式

1. 搜索引擎营销

搜索引擎营销即 SEM 通过开通搜索引擎竞价，让用户搜索相关关键词，并单击搜索引擎上的关键词创意链接进入网站/网页进一步了解所需要的信息，然后通过拨打网站上的客服电话、与在线客服沟通或直接提交页面上的表单等来实现自己的目的。

（1）搜索引擎营销的特点

☑　使用广泛，用户主动查询。

☑　获取新客户及品牌曝光率。

☑　竞争性强。

☑　操作简单，可以及时更新，随时调整。

☑　投资回报率高。

☑　搜索引擎传递的信息只发挥向导作用。

☑　用户主导的网络营销方式。

☑　可实现较高程度的定位。

（2）搜索引擎营销案例

如图 5.2 所示，新东方教育科技集团通过搜索引擎营销，获得了很高的收益。

图 5.2　搜索引擎营销案例

2．搜索引擎优化

搜索引擎优化指在了解搜索引擎自然排名机制的基础上，使用网站内及网站外的优化手段，使网站搜索引擎的关键词排名提高，从而获得流量，进而产生直接销售或建立网络品牌。

（1）搜索引擎优化的特点

☑　时效长：在有专业 SEO 维护的情况下可以长久有效。

☑　效果好：网站流量提升、注册用户增多，这些都是可以精确量化的。

☑　性价比：比竞价排名和广告便宜很多，更有优势。

☑　用户体验：增强网站友好度，增强品牌美誉度。

（2）搜索引擎优化案例

如图 5.3 所示，可见 SEO 使流量提升了 661%。

3．电子邮件营销

电子邮件营销是在用户事先许可的前提下，通过电子邮件的方式向目标用户传递有价值信息的一种网络营销手段。

（1）电子邮件营销的特点

☑　范围广：只要拥有足够多的 E-mail 地址，就可以在很短的时间内向数千万目标用户发布广告信息，营销范围可以是中国全境乃至全球。

图 5.3　SEO 案例

☑ 操作简单、效率高：使用专业邮件群发软件，单机可实现每天数百万封的发信速度。操作者不需要懂得高深的计算机知识，不需要繁琐的制作及发送过程，发送上亿封的广告邮件一般几个工作日内便可完成。

☑ 成本低廉：E-mail 营销是一种低成本的营销方式，所有的费用支出就是上网费，成本比传统广告形式要低得多。

☑ 应用范围广：广告的内容不受限制，适合各行各业。因为广告的载体就是电子邮件，所以具有信息量大、保存时间长的特点，具有长期宣传的效果，而且收藏和传阅非常简单方便。

☑ 针对性强，反馈率高：电子邮件本身具有定向性，可以针对某一特定的人群发送特定的广告邮件，你可以根据需要按行业或地域等进行分类，然后针对目标客户进行广告邮件群发，使宣传一步到位，这样做可使营销目标明确，效果非常好。

☑ 精准度高：由于电子邮件是点对点的传播，所以可以实现非常有针对性、高精度的传播，例如，可以针对某一特定的人群发送特定邮件，也可以根据需要按行业、地域等进行分类，然后针对目标客户进行邮件群发，使宣传一步到位。

（2）电子邮件营销案例

如图 5.4 所示，可见新江南旅游公司通过邮件营销提升了网站流量，同时公司品牌知名度得到曝光。

4.　网络展示广告营销

网络展示广告营销是指广告主利用一些受众密集或有特征的网站，以图片、文字、动画、视频或者与网站内容相结合的方式传播自身的商业信息，并设置链接到某目的网页的过程。

背景：2016年3月，新江南旅游公司"十一黄金周"旅游项目促销，他们将邮件营销作为重点策略。当时活动计划将上海作为试点，并且在营销预算方面比较谨慎，不打算大量投入广告。

查看详情

营销效果

- 公司网站日均访问量增加3倍
- 日均独立用户数量超过1000人，平时不到300人
- 日独立用户数量最高纪录达到1500多人

¥1,828起 — 6.4折 千岛湖森山湖畔别墅房2晚 含早·午·游湖
By 千岛湖乡村俱乐部高尔夫度假酒店

¥2,528 — 5.5折巴厘岛乌布私密泳池别墅3晚彩虹餐 用至12月
By FuramaXclusive Villas & Spa Ubud, Bali

¥489 — 3.4折 三亚喜来登 Mandara Spa 90分钟客餐
By Mandara Spa

营销方式：选择新浪上海站白领生活电子周刊，该周刊订阅数量30万人次。新江南于2006年3月连续四周在该电子杂志上投放营销信息，前两次以企业形象宣传为主，后两次针对公司新增旅游路线推广，定期向订阅用户发送邮件。

图 5.4　邮件营销案例

（1）网络展示广告营销的特点

☑ 传播对象面广：网络广告的对象是与互联网相连的所有计算机终端客户，通过互联网将产品、服务等信息传送到世界各地，其世界性广告覆盖范围使其他广告媒介望尘莫及。

☑ 可监控：可以统计出每个客户的广告被多少用户看过，以及这些用户查阅行为的时间分布和地域分布，从而有助于商家正确评估广告效果，审定广告投放策略。

☑ 广告创意样式丰富多彩：电子网络广告采用集文字介绍、声音、影像、图像、颜色、音乐等于一体的丰富表现手段，具有报纸、电视的各种优点，更加吸引受众。网络广告制作成本低、时效长以及高科技形象将使越来越多的企业选择网络广告作为重要国际广告媒体之一。

（2）网络展示广告营销案例

如图 5.5 所示，巴黎欧莱雅通过网络展示广告，提升了网站浏览量和品牌曝光率。

背景：第63届**戛纳**国际电影节（法国当地时间2010年5月12至23日），客户期望通过搜狐平台的庞大的用户群体和媒体影响力吸引更多人群关注欧莱雅产品。

营销方式：通过女人频道的**戛纳**妆容回顾专题提前引起关注。充分体现巴黎欧莱雅的品牌信息和代言人信息。通过娱乐频道的**戛纳**"金典"专题，着重宣传巴黎欧莱雅**戛纳**电影节盛况欧莱雅的品牌信息；通过女人频道达人**戛纳**妆容模仿视频专题来回顾本届电影节上欧家明星的金色妆容，加深大众对系列产品的了解。

营销效果

- 《金色星期一》戛纳妆容回顾专题——上线时间为5月9日，在64届戛纳电影节开幕前两天上线，总浏览量达到256,142人次。
- 《达人戛纳妆容模仿》定制专题——上线时间为6月13日，在电影节的后期推出，深入解密明星妆容，利用口碑人群的影响力增强用户粘度，该专题总浏览量达到261,235人次

图 5.5　网络展示广告案例

5. 即时通讯营销

即时通讯营销是利用互联网即时通讯工具（IM）进行推广宣传的营销方式，例如，通过腾讯 QQ、阿里旺旺等。

（1）即时通讯营销的特点

☑ 互动性强：无论哪一种 IM，都会有各自庞大的用户群，即时的在线交流方式可以让企业掌握主动权，摆脱以往等待关注的被动局面，将品牌信息主动展示给消费者。当然这种主动不是让人厌烦的广告轰炸，而是巧妙地利用 IM 的各种互动应用，例如可以借用 IM 的虚拟形象服务秀，也可以尝试使用聊天表情，将品牌不露痕迹地融入进去，这样的隐形广告很少会遭到抗拒，用户也乐于参与这样的互动，并在好友间广为传播，在愉快的氛围下自然加深对品牌的印象，促成日后的购买意愿。

☑ 营销效率高：一方面，通过分析用户的注册信息，如年龄、职业、性别、地区、爱好等，以及兴趣相似的人组成的各类群组，针对特定人群专门发送用户感兴趣的品牌信息，能够诱导用户在日常沟通时主动参与信息的传播，使营销效果达到最佳。另一方面，IM 传播不受空间、地域的限制，类似促销活动这种使消费者感兴趣的实用信息，通过 IM 能在第一时间告诉消费者。

☑ 传播范围大：任何一款 IM 工具都聚集有大量的人气，并且以高品质和高消费的白领阶层为主。IM 有无数庞大的关系网，好友之间有着很强的信任关系，企业的任何有价值的信息，都能在 IM 中扩散传播，产生的口碑效应远非传统媒体可比。

（2）即时通讯营销案例

如图 5.6 所示，耐克通过腾讯 QQ 营销，达成了品牌曝光量和页面浏览量的提升。

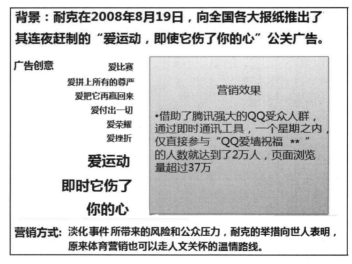

图 5.6　即时通讯营销案例

6. 视频营销

视频营销以创意视频的方式，将产品信息移入视频短片中，被大众所吸收，也不会造成太大的用户群体排斥性，容易被用户群体接受。

（1）视频营销的特点

☑ 成本低廉。在国外，许多公司开始尝试网络视频广告的一个重要原因，就是网络视频营销投入的成本与传统的广告价格相差很多。一支电视广告，投入几十万甚至上千万都很正常，而投入几千元就可以完成一支网络视频短片，甚至有一个好创意，几个员工就可以做一个好短片，免费放到视频网站上进行传播。

☑　互动性强。用户可新建对发布者的回复，也可以就回复进行回复，另外，观看者的回复也可为该节目造势，有较高争议率的节目点击率也往往高调飙升。与此同时，网友还会把他们认为有趣的节目转贴在自己的博客或者其他论坛中，让视频广告进行主动性的"病毒式传播"，让宣传片大范围传播出去，而不费企业任何推广费用和精力。

☑　传播神速。视频营销的这个特性已经在诸多案例中显露无疑。举一个美国竞选的例子：在 2006 年 8 月，美国弗吉尼亚州的共和党参议员候选人乔治·艾伦在一次演讲中发现台下有一名印度裔的听众，结果他无意之间称呼这位听众为"非洲短尾猿"，这种说法带有很强的种族歧视色彩，这段视频被传到 YouTube 上，在非常短的时间内被愤怒的网民们复制粘贴、快速传播，导致艾伦的名声在几个月内快速下降，最终落选。

☑　效果可测。企业视频营销的"每一笔费用都可以找出花在了哪里"。收集网友的评论，也可以总结这次视频广告的得失，大大提高效果监测率。

（2）视频营销案例

如图 5.7 所示，联想公司通过视频营销，提升了笔记本电脑的曝光率。

背景：一部《司马TA呀》的网络轻喜剧横空出世.司马TA 最早由联想扬天提出，所传达的是扬天V系列 "睿智工作 精彩生活"的理念。当年，司马TA已经成为扬天V系列的代名词，同时，通过娱乐事件的演绎，成功被复制到娱乐圈，成为白领生活的缩影。

营销效果

· 在《司马TA呀》刚播出4集时，累计播放人数达473万，在土豆、酷6等视频分享网站被网民观看近万次，百度搜索结果超过9万条

营销方式：在剧情中将联想扬天V450笔记本的不同产品特性转化为职场人生中的应对技巧，使消费者在关注剧情的同时自然而然地认同了联想笔记本产品的价值

图 5.7　视频营销案例

7. 博客营销

博客营销是指通过博客网站或博客论坛接触博客作者和浏览者，利用博客作者个人的知识、兴趣和生活体验等传播商品信息的营销活动。

（1）博客营销的特点

☑ 细分程度高，广告定向准确。博客是个人网上出版物，拥有个性化的分类属性，因而每个博客都有其不同的受众群体，细分的程度远远超过了其他形式的媒体。而细分程度越高，广告的定向就越准确。

☑ 互动传播性强，信任程度高，口碑效应好。博客在广告营销环节中同时扮演了两个角色，既是媒体（blog）又是用户（blogger），既是广播式的传播渠道又是受众群体，能够很好地把媒体传播和人际传播结合起来，通过博客与博客之间的网状联系扩散开去，放大传播效应。每个博客都拥有一个有相同兴趣爱好的博客圈子，而且在这个圈子内部的博客之间的相互影响力很大，可信程度相对较高，朋友之间互动传播性也非常强，因此可创造的口碑效应和品牌价值非常大。虽然单个博客的流量绝对值不一定很大，但是受众群明确，针对性非常强，单位受众的广告价值自然就比较高，所能创造的品牌价值远非传统方式的广告所能比拟。

☑ 影响力大，引导网络舆论潮流。博客作为高端人群所形成的评论意见影响面和影响力度越来越大，博客渐渐成为了网民们的"意见领袖"，引导着网民舆论潮流，他们所发表的评价和意见会在极短时间内在互联网上迅速传播开来，对企业品牌造成巨大影响。

☑ 大大降低传播成本。口碑营销的成本由于主要仅集中于教育和刺激小部分传播样本人群上，即教育、开发口碑意见领袖，因此成本比面对大众人群的其他广告形式要低得多，且结果也往往能事半功倍。

（2）博客营销案例

☑ 博客广告案例之博洛尼沙发，如图 5.8 所示。

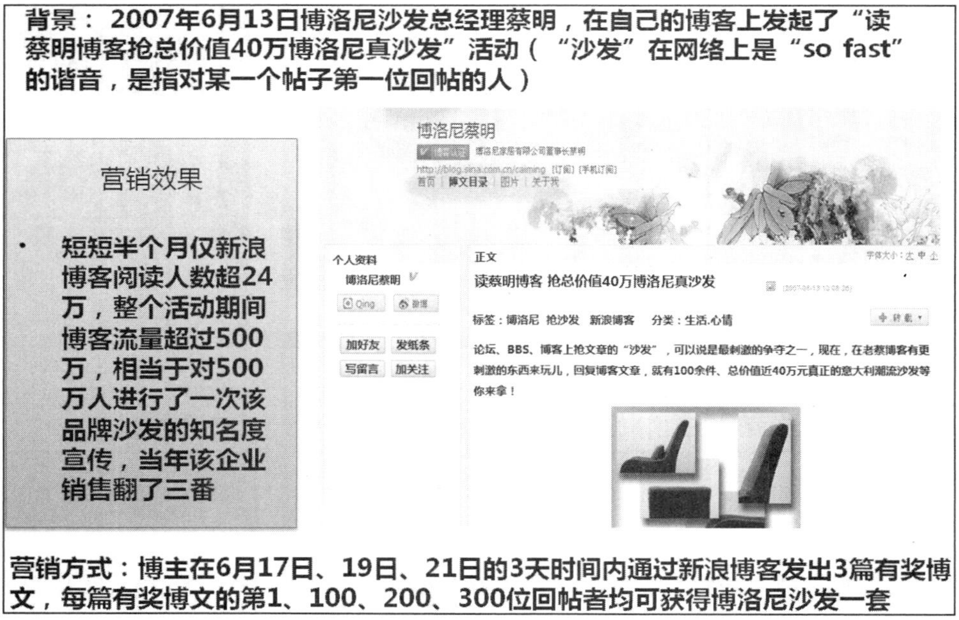

背景： 2007年6月13日博洛尼沙发总经理蔡明，在自己的博客上发起了"读蔡明博客抢总价值40万博洛尼真沙发"活动（"沙发"在网络上是"so fast"的谐音，是指对某一个帖子第一位回帖的人）

营销效果

· 短短半个月仅新浪博客阅读人数超24万，整个活动期间博客流量超过500万，相当于对500万人进行了一次该品牌沙发的知名度宣传，当年该企业销售翻了三番

博洛尼蔡明

读蔡明博客 抢总价值40万博洛尼真沙发

标签：博洛尼 抢沙发 新浪博客　分类：生活,心情

论坛、BBS、博客上抢文章的"沙发"，可以说是最刺激的争夺之一，现在，在老蔡博客有更刺激的东西来玩儿，回复博客文章，就有100余件、总价值近40万元的真正的意大利潮流沙发等你来拿！

营销方式： 博主在6月17日、19日、21日的3天时间内通过新浪博客发出3篇有奖博文，每篇有奖博文的第1、100、200、300位回帖者均可获得博洛尼沙发一套

图 5.8　博客营销案例 1

☑　博客广告见证世界冠军，如图 5.9 所示。

图 5.9　博客营销案例 2

8．微博营销

微博营销是商家或个人等通过微博平台创造价值而执行的一种营销方式，也是指商家或个人通过微博平台发现并满足用户的各类需求的商业行为方式。

（1）微博营销的特点

☑　成本低，受众同样广泛，前期一次投入，后期维护成本低廉。

☑　覆盖范围广。微博信息支持各种平台，包括手机、计算机与其他传统媒体，传播的方式具有多样性，转发非常方便。利用名人效应能够使事件的传播量呈几何级放大。传播效果好，速度快，覆盖广。

☑　多样化，人性化。微博营销可以同时利用文字、图片、视频等多种展现形式；从人性化角度，企业品牌的微博本身就可以将自己拟人化，更具亲和力。

☑　开放性，只要内容合法微博中几乎是什么话题都可以进行探讨。

☑　拉近距离。在微博中，美国总统可以和平民点对点交谈，政府可以和民众一起探讨，明星可以和粉丝们互动，微博其实就是在拉近距离。

☑　传播速度快。一条微博在触发"引爆点"后短时间内就可以抵达微博世界的每一个角落，产生大量访问次数。

☑　便捷。只需要编写好 140 字以内的文案，通过审查后即可发布，从而节约了大量的时间和成本。

☑　技术性高，浏览页面佳。微博营销可以借助许多先进多媒体技术手段，多维度对产品进行描述，从而使潜在消费者更形象、直接地接受信息。

☑　互动性强。能与粉丝即时沟通，及时获得用户反馈。

（2）微博营销案例

如图 5.10 所示，世界杯期间，伊利营养舒化奶与新浪微博深度合作，在"我的世界杯"模块中，网友可以披上自己支持球队的国旗，在新浪微博上为球队呐喊助威，结合伊利舒化奶产品特点，与世界杯足球赛流行元素相结合，借此打响品牌知名度，相关的博文也突破了 3000 多万条。

图 5.10　微博营销案例

伊利舒化奶的"活力宝贝"作为新浪世界杯微博报道的形象代言人，将体育营销上升到了一个新的高度，为观众带来精神上的振奋，使其观看广告成为一种享受。如果企业、品牌不能和观众产生情感共鸣，即使在比赛场地的草地上铺满了企业的 Logo，也不能带来任何效果。本次微博营销活动让球迷与营养舒化奶有机联系在一起，让关注世界杯的人都关注到营养舒化奶，将营养舒化奶为中国球迷的世界杯生活注入健康活力的信息传递出去。

9. 论坛营销

论坛营销方式已经很普遍了，尤其是对于个人站长而言，大部分个人站长会到门户站论坛"灌水"，同时留下自己网站的链接，每天都能带来几百 IP。

（1）论坛营销的特点

☑　利用论坛的超高人气，可以有效为企业提供营销传播服务。而由于论坛话题的开放性，几乎企业所有的营销诉求都可以通过论坛传播得到有效的实现。

☑　专业的论坛帖子的策划、撰写、发放、监测、汇报流程，在论坛空间提供高效传播，包括各种置顶帖、普通帖、连环帖、论战帖、多图帖、视频帖等。

☑　论坛活动具有强大的聚众能力，利用论坛作为平台举办各类"踩楼""灌水""贴图"等活动，调动网友与品牌之间的互动积极性。

☑　事件炒作，即通过炮制网民感兴趣的活动，将企业的品牌、产品、活动内容植入传播内容，并展开持续的传播效应，引发新闻事件，导致传播的连锁反应。

☑　论坛营销成本低，见效快。论坛营销多数属于论坛灌水，其操作成本比较低，主要要求的是操作者对于话题的把握能力与创意能力，而不是资金的投入量。但是这是最简单的、粗糙的论坛营销，要真正做好论坛营销，有诸多的细节需要注意，随之对于成本的要求也会适当提升。

- ☑ 传播广，可信度高。论坛营销一般是企业以自己的身份或者伪身份发布信息，所以对于客户来说，其发布的信息要比单纯的网络广告更加可信。
- ☑ 互动、交流信息精准度高。企业做营销时一般都会提出关于论坛营销的需求，其中会有特别的主题和板块内容的要求，操作者多从相关性的角度思考问题，所操作的内容就更有针对性，用户在搜索自己所需要的内容时，精准度就更高。
- ☑ 针对性强。论坛营销的针对性非常强，企业可以针对自己的产品在相应的论坛中发帖，也可以为了引起更大的反响而无差别地在各大门户网站的论坛中广泛发帖。论坛营销还可以通过这个平台与网友进行互动，引发更大的回响。

（2）论坛营销案例

在淘宝论坛有一篇名为《为了淘宝，老婆辞了 IBM!》的帖子，这个帖子的作者是淘宝五钻卖家，经营药妆。帖子讲述的是该药妆店铺在淘宝网站的整个成长历程，内容相当丰富，从做淘宝卖家讲起，到辞去 IBM 工作，走上淘宝药妆经营道路；从一个很小的店铺发展为现在拥有二十多万库存，较有规模的淘宝五钻店铺，在淘宝药妆行业内位居前列。

此帖内容先后更新过几十次，字数过万，回帖量超过两千，浏览量接近五万，在不同时段既上过淘宝首页，也上过淘宝论坛首页。在给淘友分享网店创业历程的同时，也大大增加了该帖子主人淘宝论坛的曝光率，从而收到了很好的论坛营销效果。

10. 软文营销

顾名思义，软文是相对于硬性广告而言，由企业的市场策划人员或广告公司的文案人员负责撰写的"文字广告"。与硬广告相比，软文的精妙之处就在于一个"软"字，好似绵里藏针，收而不露，克敌于无形。等到发现这是一篇软文时，已经掉入了被精心设计过的"软文广告"陷阱。软文营销追求的是一种春风化雨、润物无声的传播效果。软硬兼施、内外兼修，才是最有力的营销手段。

（1）软文营销的特点

- ☑ 本质是广告，追求低成本和高效回报，不要回避商业的本性。
- ☑ 可以伪装成新闻资讯，管理思想、企业文化介绍，技术、技巧文档，评论，包含文字元素的游戏等一切文字资源。
- ☑ 使受众"眼软"（只有眼光驻留了，徘徊了，才有机会）。
- ☑ 宗旨是制造信任，使受众"心软"（只有产生信任，才会付诸行动）。
- ☑ 关键要求是把产品卖点描述得明白透彻，使受众了解清楚。
- ☑ 着力点是兴趣和利益，使受众"嘴软"。
- ☑ 重要特性是口碑传播性，使受众"耳软"（朋友推荐的，更愿意倾听）。

（2）软文营销案例

如图 5.11 所示，脑白金通过软文进行产品推广，取得良好效果。

脑白金上市之初，首先投放的是新闻性软文，如"人类可以长生不老吗""两颗生物原子弹"等。人都具有猎奇心理，而且人们对与自身利益有关的内容总是最关心，所以，这些带有新闻性质的软文马上受到了用户的关注。这些软文更是像冲击波一样一篇接着一篇，不停地冲击着用户的眼球。在读者眼里，这些文章的权威性、真实性毋庸置疑。

图 5.11　软文营销案例

虽然这些文章中没有任何广告痕迹，但是脑白金的神秘色彩却被成功营造了出来！人都是恐惧死亡的，也都渴望长生不老，而这时候新闻报道中反复提到一种叫作"脑白金"的物质，说它可以帮人们延年益寿时，人们不禁要问："脑白金究竟是什么？"消费者的猜测和彼此之间的交流使"脑白金"的概念在大街小巷迅速流传开来，人们对脑白金形成了一种期盼心里，想要一探究竟，从此脑白金家喻户晓。

11．自媒体营销

自媒体又称个人媒体或者公民媒体，自媒体平台包括个人博客、微博、微信、贴吧等。

（1）自媒体营销的特点

☑　平民化，个性化。从"旁观者"转变成为"当事人"，每个平民都可以拥有一份自己的"网络报纸"（博客）、"网络广播"或"网络电视"（播客）。"媒体"仿佛一夜之间"飞入寻常百姓家"，变成了个人的传播载体。人们自主地在自己的"媒体"上"想写就写""想说就说"，每个"草根"都可以利用互联网来表达自己想要表达的观点，传递自己生活的理念，构建自己的社交网络。

☑　低门槛，易操作。用户只需要通过简单的注册申请，根据服务商提供的网络空间和可选的模板，就可以利用版面管理工具在网络上发布文字、音乐、图片、视频等信息，创建属于自己的"媒体"。进入门槛低，操作简单，让自媒体大受欢迎，发展迅速。

☑　交互强，传播快。没有空间和时间的限制，信息能够迅速地传播，时效性大大增强。

（2）自媒体营销案例

如图 5.12 所示，微信红包与央视春晚的合作开启了跨屏互动新模式，观众通过"摇一摇"抢到由各类品牌商赞助的红包，这无疑是一个多方共赢的策略。春晚凭借此次活动巨大的参与量与话题量挽回了很多年轻观众；微信红包则正式从个人社交场景转向了企业营销场景，借助春晚在中国进行广泛的市场渗透；广告主体的信息不仅在电视上呈现，还会伴随着人们抢红包和分享红包的过程继续向下传播，层层递进，改变了传统的单向、单层的传播模式，顺着微信群的"强关系"，品牌信息将会带来多层的裂变式传播。

图 5.12　自媒体营销案例

12．O2O 立体营销

O2O 立体营销是基于线上、线下全媒体深度整合营销，以提升品牌价值转化为导向，运用信息系统移动化，帮助品牌企业打造全方位渠道的立体营销网络，并根据市场大数据分析、制订出一整套完善的多维度立体互动营销模式，从而实现大型品牌企业以全方位视角，针对受众需求进行多层次分类，选择性地运用报纸、杂志、广播、电视、音像、电影、网络等在内的各类传播渠道，以文字、图片、声音、视频等多元化的形式进行深度互动融合，涵盖视、听、触觉等人们接受资讯的全部途径，对受众进行全视角、立体式的营销覆盖，帮助企业打造多渠道、多层次、多元化、多维度、全方位的立体营销网络。

13．体验式营销

体验式营销是以用户体验为主，以移动互联网为主要沟通平台，配合传统网络媒体和大众媒体，通过有策略、可管理、持续性的 O2O 线上线下互动沟通，建立和转化、强化顾客关系，实现客户价值的一系列过程。体验式营销从消费者的感官、情感、思考、行动、关联 5 个方面，重新定义、设计营销的思考方式。

（1）体验式营销的特点

☑　关注顾客的体验。企业注重与顾客之间的沟通，发掘他们内心的渴望，站在顾客体验的角度去审视自己的产品和服务，以顾客的真实感受为准，去建立体验式服务。以体验为导向，设计、制作和销售企业的产品。

☑　体验要有一个"主题"，体验式营销应从一个主题出发并且所有服务都围绕该主题，或者至少应设有一个"主题道具"（例如一些主题博物馆、主题公园、游乐区或以主题为设计导向的一场活动等），并且这些"体验"和"主题"并非随意出现，而是体验式营销人员所精心设计出来的。

☑　方法和工具有多种来源。体验是五花八门的，体验式营销的方法和工具也是种类繁多，并且和传统的营销有很大的差异。企业要善于寻找和开发适合自己的营销方法和工具，并且不断地推陈出新。

（2）体验式营销案例

Dopure（蒂哲）是源自瑞典的牛仔服品牌，这个品牌在入驻天猫的初期，由于产品价位高而鲜有顾客光顾，于是 Dopure 便开始进行体验式营销，方式是在全国开展试穿活动。淘宝达人、微博达人、北京 798 里面的歌手、校园里追逐梦想的学生等都成为 Dopure 免费赠送牛仔裤的对象。通过赠送，第一批用户深刻地体会到了 Dopure 的品质，于是在网络上形成了非常好的口碑，Dopure 也成为为数不多的在天猫快速成长的牛仔服品牌之一。

5.2 网站运营推广

网站运营是网络营销体系中一切与网站的后期运作有关的工作。企业的网站运营包括很多内容，如网站宣传推广、网络营销管理、网站的完善变化、网站后期更新维护、网站的企业化操作等。其中最重要的就是网站的维护和推广。网站运营推广包含一个目的、两个方向、4 个步骤。

（1）一个目的：企业网站实现盈利并发展壮大。

（2）两个方向：一是提升企业品牌，二是提高网站流量。

☑ 提升企业品牌（提出企业品牌概念，建立诚信体系，获得良好的口碑）。

☑ 提高网站流量（发软文，提高用户黏度，经常开展符合网站发展需要并受用户群体欢迎的活动，增加网站相关性文章以增加搜索和访问机会，其他广告或者合作）。

如图 5.13 所示为网站运营推广的一个目的、两个方向。

图 5.13 网站推广的两个方向

（3）4 个步骤：对网站定位以及赢利模式进行分析、对网站进行优化和完善、制订网站运营推广方案、对网站推广进行管理和修订，如图 5.14 所示。

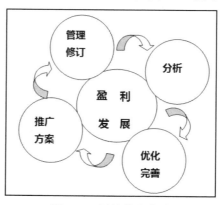

图 5.14 网站推广步骤

下面介绍不同类型网站的运营推广方式。

网站运营推广应把握好 3 个度：曝光度、知名度、忠诚度，在网站运营推广过程中，三者之间没有明显的界限，因为各阶段运营目标和运营成效中或多或少互有相掺，只是侧重有所不同。

如图 5.15 所示，网站运营推广过程中，首先是提升企业网站的曝光度，其次是打出知名度，最后提升用户对企业的忠诚度。

图 5.15　网站运营推广三度

☑　曝光度，即曝光率。网站运营初期，必须将网站"曝光"给目标用户群体，让用户了解网站的定位、网站产品、网站提供的服务等，此时推广目的是"让人知道"。网站的推广和运营手段都要考虑网站的曝光度。

☑　知名度。网站经过一段时间的曝光推广后，基本达到让目标用户对网站感觉"面熟"，这个时段是赢取用户最关键的时期，此时网站运营的重点要放在网站的内容、功能和策略 3 个方面，即用高质量的内容吸引用户、用高黏度的互动功能应用留住用户、用有效的激励策略调动用户，通过这 3 个方面的"内功修炼"和用户的口碑效应，提升网站的知名度。

☑　忠诚度。网站知名度提升后，网站运营较为成熟，进入稳定发展期，此时网站关注点应放在用户的忠诚度上。网站不但要留住用户，还要提高用户满意度，满意度高了忠诚度自然就高，忠诚度高了，自然会产生口碑效应，以此良性循环，这才是网站运营的最高境界。

因此，曝光度、知名度、忠诚度是网站运营深入程度的标尺，也是网站运营推广的阶段性目标。不同类型的网站运营在不同时期会有不同的目标和推广策略，因此必须认清网站处于哪个时期、追求的目标是什么、网站属于哪个类型（销售型、资讯类、论坛型、娱乐型）等。

1.　企业营销型网站推广

中小企业为了抓住发展机遇，都把网络营销作为一种重要的网站运营手段。网站推广的方式有很多种，企业可根据自身的需求来选择。任何营销的组合、计划与策略的制定，都必须先设定清楚、明确且可衡量的目标。企业如何选择适合自己的营销方式，要由企业的状况确定。

（1）网站推广中企业要考虑的因素。

☑　网站营销目标分析：企业要确定通过网站推广所要达成的目标，是以品牌为主导还是以销售为主导，然后选择推广渠道。如图 5.16 所示，网站营销目标分为两类：品牌导向和销售导向。

❖　品牌导向的营销目标：提升品牌形象及美誉度，获得更多有效曝光，广泛传递信息。

✦ 销售导向的营销目标：将流量转化为注册量和订单量，促进销售，选择精准营销方式。

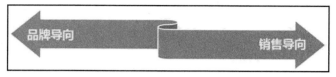

图 5.16　网站营销目标分类

☑ 网站用户群体分析：用户的性别、年龄、兴趣爱好、分布地区、上网时段、浏览的网站类型、网络购物习惯、品牌偏好等，描绘出目标受众的画像及其在网络上的踪迹，从而有针对性地推送信息。

案例 1：

如图 5.17 所示为农夫茶广告截图。农夫茶此次选择了腾讯 QQ 空间作为营销平台，而这个平台的用户多为青少年，因此农夫茶最终选择了"爱情"作为营销卖点，充分显示了对这个群体心理的准确把握。农夫茶在腾讯 QQ 空间中建立的爱情主题页面也着重体现出清新、甘甜的爱情味道，符合目标群体的爱情诉求。鲜明的主题、新颖的设计，一下就引起了时下年轻用户的兴趣，并对他们产生了足够的吸引力，促使他们主动地参与到整个营销活动中来。

图 5.17　农夫茶案例

☑ 企业市场分析：自身的市场份额、自身的定位、自身的品牌影响力、自身的产品特征及优缺点、自身的销售与媒体策略、广告预算。

☑ 竞争对手分析：竞争对手的市场份额、竞争对手的定位、竞争对手的品牌影响力、对手的产品特征及优缺点、竞争对手的销售与媒体策略。

案例 2：

易到用车是中国众包用车模式的先行者之一，用户用车时通过电话、网站、手机 APP 即可约车。目前，易到用车已经覆盖全国 57 个重点城市，签约司机达 5 万名，属于轻资产模式。

神州租车在全国 69 个主要城市设立了 751 个直营租车网点（包括 52 个机场），并在其他 152 个城市建立了 191 个特许服务点。2013 年，由场地租金、人员等费用构成的直接运营成本高达 7 亿元。2014 年一季度为 1.94 亿元。每宗短租交易的平均履约成本高达420 元。

　　企业运营方面，神州租车属于重资产，而易到用车属于轻资产模式。同样是 5 万辆车的规模，易到用车的花费只是神州租车的零头，省掉了租用和管理近千个店面的巨额开支。

　　两家公司各有优势和劣势，易到用车无自驾服务，只有专车服务；神州租车有自驾和专车服务。

　　如图 5.18 所示是易到用车和神州租车"近 30 天"的搜索量数据。可以看到"神州租车"的搜索量要远远高于"易到用车"。

图 5.18　搜索量数据对比

　　如图 5.19 所示是"近 30 天"易到用车和神州租车搜索量的趋势图对比。同样，"神州租车"的搜索量要远远高于"易到用车"。

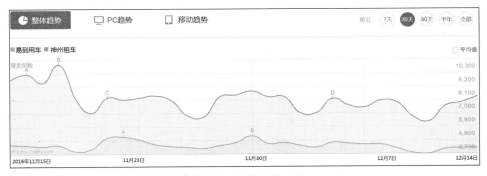

图 5.19　搜索趋势对比

　　所有地区中的较长柱状是神州租车，所有地区的较短柱状是易到用车。

　　如图 5.20 所示为易到用车和神州租车的用户群体在全国各省份的分布图表，可以看出易到用车的用户主要分布在北京、上海、广东，且用户群规模要小于神州租车；神州租车的用户主要分布在北京、广东，其次是上海、浙江、江苏等省份，用户群体规模要远远高于易到用车。

　　（2）网站推广营销方式的选择

　　目前网络营销方式有 SEM、SEO、联盟广告、百度品牌产品营销、微博营销、微信营销等。

图 5.20　用户群体分布

　　企业选择网络营销方式时，要根据企业的人力、广告预算、投放时间、营销目标、项目周期等因素来选择。例如，要实现以品牌为导向的营销目标，可以选择联盟广告、百度品牌产品营销、SEO 等；要实现以销售为导向的营销目标，可以选择 SEM、SEO、微信营销等。

　　案例 3：

　　易到用车和神州租车的 SEO 优化效果对比。

　　如图 5.21 所示为易到用车 SEO 效果，其百度权重为 4，360 权重为 4，Google PR 为 5，关键词在百度上的排名没有查到（注：权重和 PR 是各搜索引擎对网站的综合评价指标）。

图 5.21　易到用车 SEO 效果

　　如图 5.22 所示，神州租车网站百度权重为 6，360 权重为 5，Google PR 为 6。

图 5.22　神州租车 SEO 效果 1

如图 5.23 所示，神州租车网站的关键词"租车""租车网""租车公司""汽车租赁"等在百度上的排名为 1、1、7、6，均在百度首页。

关键词	PC指数	移动指数	360指数	本地排名[一链查询]	异地排名	排名变化	预估带来流量(IP)
租车	1675	3142	2921	1	1	-	3131～5298
租车网	395	3197	1702	1	1	-	2334～3951
租车公司	211	915	180	7	7	↑2	11～22
汽车租赁	623	774	239	6	6	-	13～27

图 5.23　神州租车 SEO 效果 2

通过易到用车和神州租车两家公司网站 SEO 优化效果的对比，可见神州租车的 SEO 效果要好于易到用车，尤其是关键词排名，这些关键词均排在百度首页，给神州租车带来访问量是肯定的，且是免费的流量。神州租车的日均搜索量要高于易到用车。通过同行业两家公司 SEO 优化结果的对比，说明不同公司对 SEO 优化持续时长及重视程度不同，导致营销效果不同。

2. 电子商务类网站推广

对于电子商务类网络购物网站，经常推出热点产品销售信息和活动，除了做好 SEO 工作外，投放一定量的网络广告是非常必要的，不但可以增加网站信息的曝光率，同时也可以带来一定的流量，有助于宣传网站信息，提升网站的知名度和效益。不过投放网络广告，要把握好广告投放的网站类型以及投放位置。

案例 4：

（1）凡客诚品。2010 年凡客诚品（VANCL）邀请作家韩寒、演员王珞丹出任凡客诚品的形象代言人。以自我表达和朗朗上口的平面广告创意投放市场，给人留下深刻的印象，如图 5.24 和图 5.25 所示。

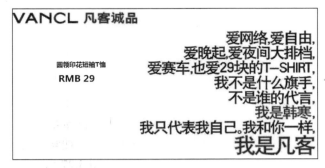

图 5.24　韩寒为凡客诚品代言

个性鲜明的凡客体在豆瓣网、开心网等 SNS 网站上掀起了"山寨"狂潮，各路明星被恶搞，据不完全统计，当时有 2000 多张"凡客体"图片在微博、开心网、QQ 群以及各大论坛上疯狂转载。此外，也有不少网友和企业自娱自乐制作了"凡客体"。可见凡客诚品广告创意的成功，大大提升了品牌曝光率。如图 5.26 所示为山寨版凡客诚品广告。

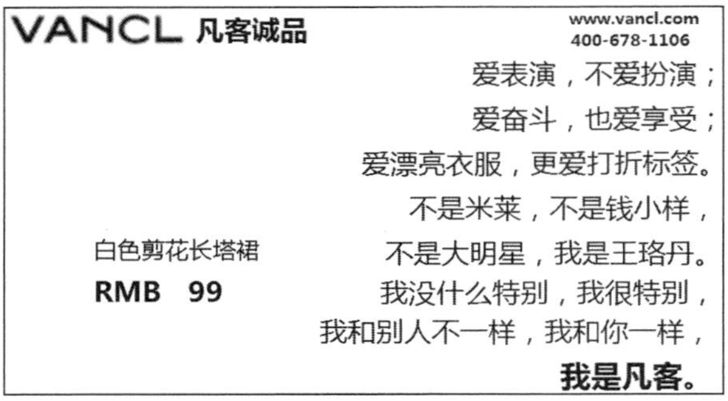

VANCL 凡客诚品　　　　www.vancl.com
　　　　　　　　　　　400-678-1106

爱表演，不爱扮演；

爱奋斗，也爱享受；

爱漂亮衣服，更爱打折标签。

不是米莱，不是钱小样，

白色剪花长塔裙　　不是大明星，我是王珞丹。

RMB　99　　　　我没什么特别，我很特别，

我和别人不一样，我和你一样，

我是凡客。

图 5.25　王珞丹为凡客诚品代言

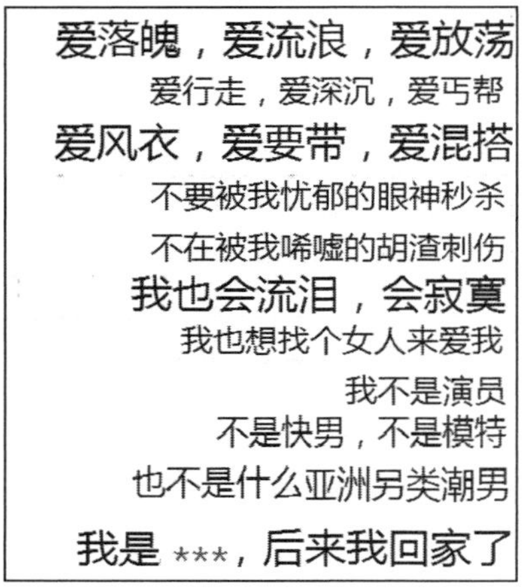

爱落魄，爱流浪，爱放荡

爱行走，爱深沉，爱丐帮

爱风衣，爱要带，爱混搭

不要被我忧郁的眼神秒杀

不在被我唏嘘的胡渣刺伤

我也会流泪，会寂寞

我也想找个女人来爱我

我不是演员

不是快男，不是模特

也不是什么亚洲另类潮男

我是 *，后来我回家了**

图 5.26　犀利哥山寨版凡客诚品广告

凡客诚品在网络营销上的成功得益于病毒式传播。在社交媒体上的网络推广，一定要留给粉丝、用户充分参与的空间，要和用户充分互动，用户的参与才会将话题或产品病毒似的传播、扩散开去。

（2）亚马逊，国际化电商巨头，希望在电商大战中，打造需求个性化、创新性、国家化的品牌高度，并能在 2014 年开年打响电商第一枪。

☑　广告效果要求如下。

❖　品牌层面：在电商白热化竞争中脱颖而出，深度展示品牌信息，传递品牌创新理念。

❖　效果层面：在元旦、春节采购季，提高年货采购量，并且借助 PC 端和移动端双网联动，覆盖全网用户，亚马逊更加重视品牌和效果的双向结合。

☑　创意策略：马上有，借助马上有，让用户在输入、搜索、聊天、浏览新闻等各个场景进行搜索，都能看到亚马逊广告信息。如图 5.27 所示为亚马逊的广告创意。

☑　媒体策略：全面打通搜狗系、腾讯系、搜狐系资源，多入口、强曝光、全覆盖，短时间内增加亚马逊搜索转化效果，提升品牌知名度。

此次营销是搜索精准广告和品牌展示广告的有机结合，开启了搜狗与众品牌的浮层品牌专区深入合作，精准覆盖了亚马逊的潜在目标消费人群，成功地将大量流量导入亚马逊。

图 5.27 亚马逊的广告创意

3. 资讯类网站推广

资讯类网站主要提供的就是文章，形式比较单一，所以主要注重的是用户体验，内容的品质及用户查找内容的便捷程度是重中之重。

资讯类网站内容量比较大，最主要的流量来源是搜索引擎，所以资讯类网站推广的总体思路是提升整站权重，然后通过海量的内容从搜索引擎带来流量。即资讯站以 SEO 优化作为网络推广的主要方式，利用百度的用户群体进行推广，充分利用百度知道和百度贴吧。

5.3 网络营销案例

1. "褚橙" 营销背景

"褚橙" 是冰糖橙的一个品种，因由红塔集团原董事长褚时健种植而得名。"褚橙"和"本来生活网"的电商合作。本来生活网的褚橙营销精选了一批青年成功者向褚时健致敬（如图 5.28 所示），推出了一个视频系列"褚时健与中国青年励志榜样"。也就是从那时起，有关褚时健和褚橙的话题开始发酵，而真正引发话题讨论的是韩寒的一条微博，如图 5.29 所示。

图 5.28 本来生活网致敬褚时健

这条微博霎时引起网友的围观，幽默的口吻以及韩寒的影响力，间接地作为"褚橙"的代言，将"褚橙"的品牌理念深深植入了消费者的脑海里。

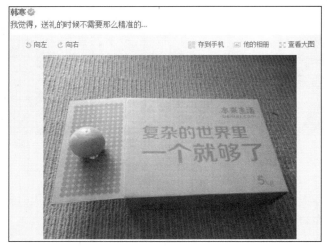

图 5.29 韩寒的微博

2. "褚橙"营销成功原因分析

☑ 目标顾客群是城市白领,具有以下特点:平均文化水平较高,熟悉网络,关注时尚,访问微博、SNS 网站等;对产品的需求点不在产品本身,而在于产品背后的文化与服务;乐于接受并敢于尝试新鲜事物,喜欢有品质的生活;整体收入水平较高,具有较强的消费欲望与消费需求。

☑ 背后有一个令人起敬的励志故事。如今更多购买褚橙的人不只是品尝橙子的甜,更包含了对褚老的敬仰与支持。褚时健在年近 70 时跌倒,在年逾 80 时又爬起,并带领不少农户脱贫致富。能承受起如此巨大的人生落差,并再次获得人生的成功,非有坚韧不拔之心而不可达。如图 5.30 所示为褚橙界对褚时健励志人生的简介。

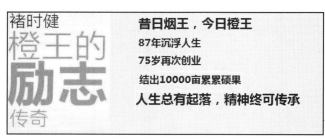

图 5.30 褚时健的励志人生

☑ 这是一只"会讲故事"的橙子。"褚橙"借助媒体记者的传播能力,将"褚时健种橙子"的励志故事传播给广大消费者,再一次向其灌输"励志橙"的理念。随着《褚橙进京》等一系列报道出炉,85 岁褚时健汗衫上的泥点、嫁接电商、新农业模式都助力了褚橙的销售。

☑ 微博大 V 们的口碑营销,让这只"励志橙"的影响继续发酵,引起网友疯狂转发,进一步提升了知名度,如图 5.31 和图 5.32 所示。

图 5.31　王石微博

巴顿将军语："衡量一个人的成功标志，不是看他登到顶峰的高度，而是看他跌到低谷的反弹力！"

@经济观察报 V

[褚橙进京]褚时健75岁再创业，85岁时"褚橙"进军丽江，生产能力异地扩张，进而嫁接电子商务进京，基本算是褚老十年磨一剑的一个里程碑。褚时健正在开创一个有把控力的新农业模式，从产品培育、合作生产、销售渠道建设到品牌塑造，多点着手。

图 5.32　巴顿将军微博

☑　个性化的包装引起大批年轻消费者的购买欲望。每个包装上都有防伪码，外包装箱上有二维码，既能防伪也可下单；独特的限量版包装上，"微橙给小主请安""剥好皮、等我回家"等既俏皮又时尚的广告语直击 80 后、90 后年轻一族的心脏。如图 5.33 和图 5.34 所示即为"褚橙"的个性化包装。

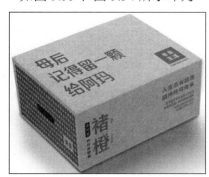

图 5.33　褚橙包装 1

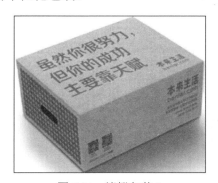

图 5.34　褚橙包装 2

3. 网络推广效果

"褚橙"口碑与故事化营销的结合，借助互联网平台整合推广，褚橙上市 8000 吨橙子全部售罄。小小的橙子，在前后不足一个月的时间里，被全国各地的消费者争相追捧，成就了当时引人瞩目的市场传奇。本来生活网成功地借助互联网把褚橙推向一个新的巅峰，同时也让本来生活网借助褚橙这个产品迅速地提升了影响力。

本 章 总 结

☑ 网络营销的概念。
☑ 网络营销的方式。
☑ 网站运营推广的目的和方向。
☑ 不同类型网站的推广目标和营销方式。
☑ 营销案例分析总结。

本 章 作 业

（1）网站运营推广的方向是什么？
（2）营销型网站推广要考虑哪些因素？
（3）资讯类网站最适合哪种推广方式？
（4）常用的网络营销方式有哪些？

第 **6** 章

网站运营数据分析与优化

本章简介

　　真正的数据分析不在于数据本身，而在于分析能力的概述；数据是参照物，是标杆，只有分析才是行为，意味着优化调整；网站数据分析是一个长期的累积过程，可以为网站推广积累丰富的经验。

　　现在，数据分析已经成为网站运营工作中的一部分，数据分析可以更好地帮助企业了解网站运营的进展，一方面在网站的运营过程中发现问题，并且找到问题的根源，最终通过切实可行的办法解决问题；另一方面基于以往的数据分析，总结发展趋势，为网络营销决策提供支持，最终达成网站运营推广的目标。因此，网站运营是以目标为导向，以数据为基础，即数据驱动运营。本章主要讲解网站数据统计工具、网站运营数据维度和指标、数据驱动运营等知识。

本章工作任务

 ➢ 了解网站运营推广常用工具。
 ➢ 了解网站运营推广数据分析的维度和指标。
 ➢ 掌握数据运营的分析思路。
 ➢ 了解企业常用的即时通讯工具。

本章技能目标

 ➢ 了解不同的网站统计工具。
 ➢ 掌握网站运营数据的维度和指标。
 ➢ 掌握网站推广数据维度和指标。

> 掌握数据运营的分析思路。

预习作业

> 常用的网站分析工具。
> 网站数据中的跳出率的含义。
> 网站推广数据维度和指标。
> 数据运营细分的内容。

6.1　数据分析在网站运营中的含义及作用

6.1.1　数据分析的含义

数据分析是指用适当的统计分析方法对收集来的大量数据进行分析，提取有用信息和形成结论，对数据加以详细研究和概括总结的过程。在实用过程中，数据分析可帮助人们作出判断，以便采取适当行动。

如图 6.1 所示为沃尔玛经典营销案例：啤酒与尿布。20 世纪 90 年代的美国沃尔玛超市中，管理人员分析销售数据时发现了一个令人难以理解的现象："啤酒"与"尿布"两件看上去毫无关系的商品会经常出现在同一个购物篮中，这种独特的销售现象引起了管理人员的注意，经过后续调查发现，这种现象出现在年轻的父亲身上。沃尔玛开始在卖场尝试将啤酒与尿布摆放在相同的区域，让年轻的父亲可以同时找到这两件商品，并很快地完成购物，从而获得了很好的商品销售收入。

图 6.1　啤酒与尿布的案例

这个例子现已经成为数据分析中的经典案例，正是因为对浩如烟海却又杂乱无章的数据进行分析，才发现了啤酒和尿布销售之间的联系，促使这两种物品的销售量提升。该案例是实体店对数据分析的应用，同样在网站运营中对数据的分析运用也是非常重要的。

6.1.2　数据分析对网站运营的作用

对网站进行数据分析，可以有效地了解用户的动态情况。长期上网的用户，在一段时间之后一般会有固定的上网模式，一旦掌握用户的上网规律，那么作为以营销为主的网站来说，就可以进行有针对性的策划，吸引目标用户消费，同时，可将网站数据分析的结果反馈给决策层，使其根据不同数据的变化，制订下一步的营销计划。在网站营销推广过程中，可能采取免费的推广方式，这些推广方式包括博客营销、论坛营销、即时通讯营销、邮件营销等方式，也有可能采取付费推广的方式，包括搜索引擎营销、软文营销、广告联盟营销等。通过数据分析，可以全面地反映这些网络营销方式的效果，网站类型的不同，所采取的推广方式也不同，任何一种推广方式不一定适合所有网站，只有通过数据分析才能够直观地反映出来。

所以，数据回收和分析在运营工作中是必不可少的步骤，数据相当于网站运营者的眼睛，指导网站运营工作，网站运营者在工作中才会有依据，才会越做越好。网站的数据分析无论是对于某项网站运营的营销活动还是网站本身整体的运营效果都有参考价值，也是网络营销评价体系中最具有说服力的指标。数据分析对于网站运营的指导作用体现在以下7 个方面。

1. 企业网站服务器的运行状况及影响

网站运营人员通过对企业网站日志及监控工具的分析与观察，可以了解到网站的运行状态，例如，网站是否被攻击、服务器是否出现问题，出现的这些问题是否影响访客的来访，网站在每个地区的运行是否都正常等。

2. 网站程序是否有利于搜索引擎

搜索引擎访问网站的爬行轨迹都会被服务器记录，观察总结搜索引擎对网站各个部分的访问情况，可以查看到网站程序中是否有死链接、网站是否有利于蜘蛛的爬行收录、网站程序代码是否需要精简等。

3. 网站收录哪些内容

网站被搜索引擎中收录的情况影响着网站的流量，收录得越多，流量的来源越广，流量也就越多。通过对各个搜索引擎的收录数据分析，可以分析出网站在搜索引擎中的表现主题、搜索引擎对网站的整体定位，关键词与整体内容的相关性越高，排名就越高。

4. 网站的访客情况与分析

通过对网站流量数据的分析，网站运营人员可以了解网站的主体用户以及用户来自的地区，是否是企业需要的访问者，这些访问者是否对网站内容感兴趣、有什么需求、对网站哪些部分感兴趣等。

5. 网站关键词的表现情况

关键词是网站流量来源的根本，分析网站流量来源中排名靠前的关键词，然后对流量大的关键词及有很大提升空间的关键词进行优化，使网站能够有更优质的流量。

6. 网站链接对排名效果的影响

网站链接决定网站的权重，因此对链接的分析有助于网站运营人员有针对性地进行链接建设。

7. 分析总结竞争对手的优势

分析总结竞争对手的优势与方法，借鉴其优势为己用，少走弯路，更快地赶超竞争网站。

6.2　网站数据分析和优化

网站数据分析是通过观察、调查、实验、测量等结果，通过数据的显示形式把网站各方面的情况反映出来，使运营者更好地了解网站的运营情况，便于调整网站的运营策略。也就是说，需要对站内站外一系列数据进行分析和验证，来指导网站监控流量、吸收流量、保留流量，并利用流量完成转化等目标，带来实际收益。

网站运营过程中，针对网站的数据分析已经成了每个网站策划人员和网站运营人员的基本功，通过这些数据指标可以帮助企业准确地抓住用户动向和网站的实际状况，更好地把网站内容和服务提供给用户，得到更多的用户流量，最终实现盈利。

6.2.1　网站分析工具

网站分析工具，是指收集网站运营数据，为网站优化提供数据支持的工具。常用的网站分析工具包括百度统计、Google Analytics（GA）、CNZZ、51.LA 等。

1. 百度统计

百度的网站流量分析工具能帮助企业跟踪网站的真实流量，了解推广现状，进而协助企业优化网络营销效果，改善网站用户体验，助力网站运营决策。登录网址为 tongji.baidu.com，如图 6.2 所示是百度统计登录/注册的页面。

图 6.2　百度统计

2．Google Analytics

Google Analytics 是著名互联网公司 Google 为网站提供的数据统计服务，可以对目标网站进行访问数据统计和分析，并提供多种参数供网站拥有者使用。Google Analytics 功能非常强大，可以提供丰富详尽的图表式报告。

使用 Google Analytics，首先要注册为 Google 用户，登录网址为 www.google.com，如图 6.3 所示。

图 6.3　GA

"首先打开 Google 首页，先注册成为 Google 的注册用户，当有了 Google 账户后，访问 http://www.google.cn/analytics/zh-CN/进行注册 GA 用户，如图 6.4 所示。

图 6.4　GA 登录/注册页面

3．CNZZ

CNZZ 是由国际著名风险投资商 IDG 投资的网络技术服务公司，是中国互联网目前最有影响力的流量统计网站。CNZZ 网站首页的免费流量统计技术服务提供商专注于为互联网各类站点提供专业、权威、独立的第三方数据统计分析。同时，CNZZ 拥有全球领先的互联网数据采集、统计和挖掘三大技术，专门从事互联网数据监测、统计分析的技术研究、产品开发和应用。登录网址为 www.cnzz.com 或 www.umeng.com，如图 6.5 所示为 CNZZ 登录/注册页面。

4．51.LA（我要啦）

51.LA 是免费流量统计技术服务提供商，为互联网各类站点提供第三方数据统计分析，登录网址为 http://www.51.la，如图 6.6 所示是 51.LA 的登录/注册页面。

图 6.5　CNZZ

图 6.6　51.LA

6.2.2　网站数据分析中的维度和指标

1. 维度和指标的含义

☑ 维度是指可指定不同值的对象的描述性属性或特征。一般情况下，维度可理解为数据分类。

☑ 指标是衡量目标的单位或方法。不同的网站类型，数据分析所用的指标项不同，企业可以根据自身需求，采用不同的指标来衡量。衡量网站运营的数据指标，通常包含内容指标和商业指标，内容指标是衡量访问者活动的指标，商业指标是衡量访问者活动转化为商业利润的指标，即网络营销的广告效果指标。

2. 维度和指标的关系

维度说明数据，指标衡量数据。维度和指标通常结合在一起对网站进行分析，维度和指标配合使用时，指标的数据就可以按照维度的标准作细分，挖掘尽可能多的深层次信息。

例如，把浏览器作为维度来分类，把网站的访问次数作为指标来展示不同浏览器带来的访问数。还可以对其他的维度与指标进行配对，例如，可以把城市和访问次数分别作为维度与指标组合在一个报告里。根据分析需求就可以从用户浏览器及其所在城市的角度来分析网站的访问次数。

3．网站数据分析维度及指标

网站数据分析维度及指标如表 6.1 所示。

表 6.1　网站数据分析维度及指标

数据维度/指标	含　　义
IP	独立 IP 数，即访问某个站点或单击某条新闻的不同 IP 地址的人次数
PV	页面浏览量，用户每次对网站中的每个网页访问均被记录一次。用户对同一页面进行多次访问，访问量累计
UV	通过互联网访问、浏览这个网页的自然人
停留时间	某个访客访问网站的时间长短
访问深度	在一次完整的站点访问过程中访客所浏览的页面数
跳出率	某个时间段内，只浏览了一页即离开网站的访问次数占总访问次数的比例
退出率	用户从该页退出的页面访问数/进入该页的页面访问数的百分比
新访客	某客户端首次访问网站为一个新访客
老访客	再次访问网站的访客
回访率	老访客占所有访客的比例，主要用于判断网站访问者对网站的忠诚度
回访次数	某个 Cookie 除第一次访问之后，再次访问的次数
访问入口	每次访问过程中，用户进入的第一个页面为访问入口页面
访问出口	每次访问过程中，用户结束访问，离开前点击的最后一个页面为访问出口页面
平均停留时间	每位访问者平均在网站上停留了多少时间
平均访问时长	指在一定统计时间内，浏览网站的一个页面或整个网站时用户所逗留的总时间与该页面或整个网站的访问次数的比

4．网站数据分析工具中的部分数据维度

如图 6.7 所示为百度统计中网站概况的数据维度，包括网站 PV、UV、IP、跳出率和平均访问时长。

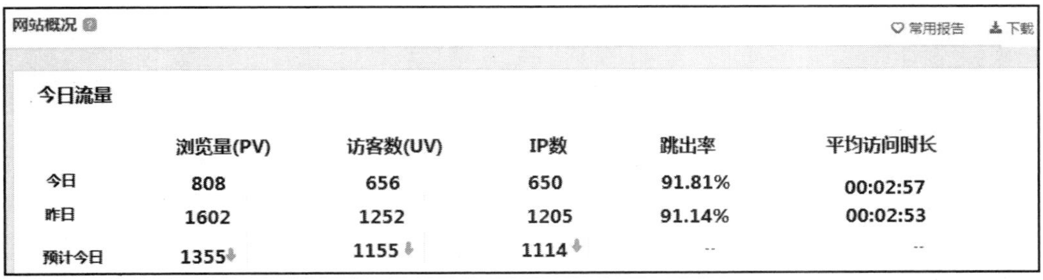

网站概况					
				♡ 常用报告	⬇ 下载
今日流量					
	浏览量(PV)	访客数(UV)	IP数	跳出率	平均访问时长
今日	808	656	650	91.81%	00:02:57
昨日	1602	1252	1205	91.14%	00:02:53
预计今日	1355⬇	1155⬇	1114⬇	--	--

图 6.7　网站概况数据

6.2.3　网站数据分析思路及优化调整

利用网站分析工具，通过对不同维度和指标的分析，找出网站存在的问题，并及时调整优化，指导网站运营。

案例 1：

（1）如图 6.8 所示为某网站 4 个页面的数据，其中第 3 个页面的退出率最高，平均停留时间最长。由此说明第 3 个页面内容有吸引性，访客在此页面停留时间长，但是没有满足访客的需求，导致退出率高。如此页面没有其他页面的链接，或没有交互等。

浏览量(PV)	IP	入口页面	贡献下游浏览量	平均停留时长	退出率
10422	8255	9400	1206	00:02:18	84.57%
953	817	178	482	00:00:42	47.53%
499	447	482	11	00:02:44	93.59%
355	314	92	182	00:00:47	48.17%

图 6.8　网站页面数据

如果是电子商务网站的支付成功页面，退出率高是正常的。但是注册页面、支付页面和填写收货地址页面却是可以用退出率来衡量页面质量的，如果退出率高，则表示反应网站的注册流程页面、支付流程页面和物流流程页面存在问题，例如，不支持货到付款、需要填写的项目过多、界面不友好等。

（2）如图 6.9 所示，某网站在 11 月 16～17 日两天中，网站访问量最高的时段集中在 8:00—16:00，那么对于网站运营人员来说，网站的最新资讯或产品信息就要在 8:00 前发布更新，以便于新老访客第一时间浏览。同理，对于网络营销来讲，网络广告应集中在网站访问量高的时段投放，提升网络营销效果。

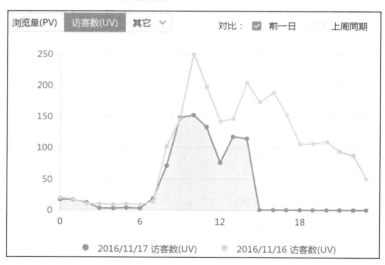

图 6.9　网站访问量

（3）如图 6.10 所示为某网站的访客忠诚度分析。

由图 6.10 可见，某网站的访客访问网站一个页面的人数占 90.82%，说明网站对访客的吸引程度低，或者是着陆页的吸引程度底。此时网站运营人员要做的就是调整网站内容或着陆页；如果网络营销广告创意和网站内容相关性差，也会导致网站访客忠诚度过低，只访问一个页面就离开了。

（4）某网站的新老访客数据分析如图 6.11 所示。

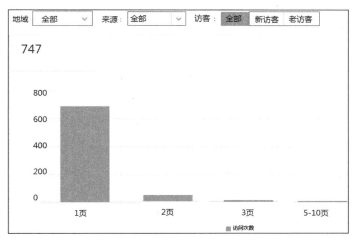

图 6.10　访客数量占比

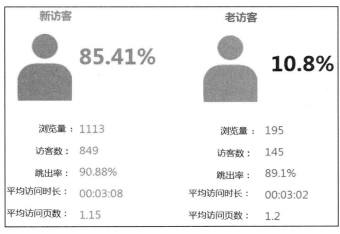

图 6.11　新老访客占比

以图 6.11 可以看到某网站的访客中，老访客的占比只有 10.8%，说明网站结构、内容或体验度差，导致访客只访一次网站就没有兴趣再次访问了，网站运营人员要从网站结构、内容或用户体验等方面找到具体问题，调整优化。

（5）某网站的跳出率分析。如图 6.12 所示为某网站访问量的概况，可以看出昨天和今天的跳出率为 89%～90%，也就是说，来某网站访问的 100 人中，只有 10 人继续浏览，其余 90 人只访问了这一页面就离开了。

今日流量					
	浏览量(PV)	访客数(UV)	IP数	跳出率	平均访问时长
今日	1,308	994	933	89.01%	00:03:07
昨日	1,762	1,333	1,242	90.38%	00:02:44
预计今日	1,791 ↑	1,334 ↑	1,261 ↑	--	--

图 6.12　网站跳出率

从网站的角度来分析，导致跳出率高的原因如下：

- ☑ 网页打开速度慢。
- ☑ 网站的可读性差，网站内容没有吸引力，没有满足访客需求。
- ☑ 网站用户体验差，如弹窗多、广告多等。

针对以上可能导致跳出率升高的原因，对网站进行排查测试，找到具体问题，调整优化。

- ☑ 网站打开速度慢，要更换或升级网站空间或服务器，从而提高网站速度。
- ☑ 如果网站内容没有吸引力，就要优化网站内容，提高网站内容的质量，吸引访客继续浏览。
- ☑ 网站用户体验导致跳出率高，那就需要调整、改善网站，提升用户体验。

6.3 网站推广数据分析

数据分析是网站推广（即网络营销）中很重要的一个环节，通过数据分析可以指导企业开展网络营销的步骤，可以随时调整网络广告投放方式，及时发现网站运营的影响因素，指导网站运营人员调整推广策略和推广方向，从而控制运营成本、提高经济效益。

6.3.1 网络营销数据分析工具

常用的网络营销数据分析工具包括两类：网站分析工具和即时通讯工具。

- ☑ 网站分析工具：百度统计、Google Analytics、CNZZ、51.LA，可参见 6.2.1 节。
- ☑ 即时通讯工具：是基于互联网的即时交流消息的工具，包括百度商桥、乐语、商务通、千牛等。企业即时通讯工具相当于在线客服系统，可以与客户在线沟通，进行访客管理、数据统计、客服管理等。如图 6.13 所示即为百度商桥的 Logo。

图 6.13　百度商桥

6.3.2 网络营销数据维度和指标

网站是开展网络营销的基础，网络营销数据分析要结合网站数据一起分析，所以网络营销数据包含网站数据。

其他网络营销数据维度和指标如表 6.2 所示。

表 6.2　数据维度与指标

数据维度/指标	含　义
广告消费	广告被点击产生的消费
点击率	广告被点击的比率
平均点击价格	每次点击的成本
千次展现消费	每千次展现的成本
转化率	转化的比率
平均转化成本	平均转化的成本
投入产出比	成本和盈利的比值
单均额	平均每单销售额
订单额	所有订单总销售额
百度权重/PR	搜索引擎对网站的综合评级
自然排名	根据搜索引擎算法而获得排列结果

6.3.3　网络营销数据分析思路及优化调整

实际上，论覆盖面，网络营销还远远赶不上传统媒体。但是，仍旧有很多有远见的企业选择网络营销。其中的一个重要原因就是网络营销的全过程都可以被追踪到，通过数据分析可以随时调整投放方式。通常，网站推广前的数据分析分两部分完成。

☑　描述目标群体的特征。例如，目标群体是 18～25 岁，上网购物的年轻女性。

☑　描述目标群体的网络活动轨迹。知道目标用户群访问什么网站、浏览什么内容、在什么时间地点能够找到他们非常重要。

企业网站推广过程中，利用网络营销工具，通过不同维度和指标的分析，找出网站和网络营销环节中存在的问题，并及时调整优化，从而提升企业的投入产出比。

案例 2：

（1）某企业做了网络营销，并且监测了来自不同搜索引擎的访客数据，重点关注跳出率数据。

如图 6.14 所示为来自不同搜索引擎的访客在企业网站的跳出率，其中，通过神马搜索带来的访客跳出率低，但是访问时长短，其他搜索引擎的跳出率均为 85% 及以上。

		浏览量(PV)	访客数(UV)	IP数	跳出率	平均访问时长
1	百度	19,037	14,300	13,375	91.26%	00:01:12
2	360搜索	3,488	2,459	2,412	88.9%	00:03:02
3	搜狗	1,141	840	814	88.96%	00:02:44
4	Google	84	53	54	96.1%	00:03:10
5	Bing	82	59	59	89.39%	00:02:04
6	神马搜索	32	15	15	75%	00:01:34
7	有道	8	7	7	85.71%	00:01:10
	当前总汇	23,872	17,733	16,736	90.82%	00:03:09

图 6.14　不同搜索引擎跳出率

① 从网站的角度和网络营销的角度分别分析，导致跳出率高的原因如下：

☑ 网站打开速度慢。

☑ 网站的着陆页可读性差，内容没有吸引力，没有满足访客需求。

☑ 网站用户体验差，如即时通话弹窗频繁弹出且在页面中间位置，间隔时间太短。

☑ 关键词和广告创意及网站着陆页内容的相关性差。

☑ 企业选择的关键词匹配方式太宽泛。

② 优化方法：针对以上导致跳出率较高的因素进行排查，找到具体问题，调整优化。

☑ 网站打开速度慢，那就要更换或升级网站空间或服务器，从而提高网站速度。

☑ 网站着陆页内容没有吸引力，那就要优化网站内容，提高网站内容的质量，吸引访客继续浏览。

☑ 如果网站用户体验差，则调整测试，提高用户体验。

☑ 关键词和广告创意及网站着陆页内容的相关性差，则优化广告创意。广告创意要围绕关键词进行编辑，链接的页面内容和关键词与创意要有很强的相关性。

☑ 企业选择的关键词匹配方式太宽泛，调整关键词匹配方式，并加相关否定关键词，减少不相关搜索词触发企业的广告创意，降低广告消费。

（2）如图 6.15 所示，某网站的访问量（即流量）来源主要由搜索引擎、外部链接、直接访问 3 部分构成。其中，最上方的曲线是搜索引擎带来的流量，占总流量的 42.36%；中间曲线是外部链接带来的流量，占总流量的 28.91%；最下方曲线是访客输入网址带来的流量，占总流量的 28.73%。

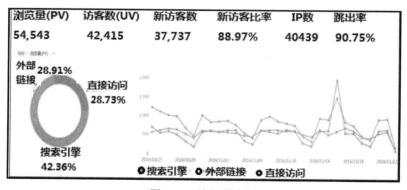

图 6.15　访问量来源

① 了解网站流量的来源，再结合网站的转化数据，分析哪个流量来源的转化率较高，进而分析优化。

② 可以根据企业的需求，重点提升哪部分来源的流量。例如，企业网站运营推广预算有限，那就着重提升外部链接和直接访问的流量。

☑ 外部链接流量的提升，加大 SEO 外链建设，尤其是相关性强且高质量的外链，从而给网站带来精准的流量。

☑ 直接访问的流量提升，充分利用企业的微信、微博、论坛、贴吧等媒体资源，在这些媒体上发布文章，并合理、自然地加上网址。

（3）如图 6.16 所示为某网站的访客地域分布，即不同地区给网站带来的访问量。其中，广东地区给网站带来的访客最多，占比 16.94%，其次是北京、江苏、上海、山东等地区。

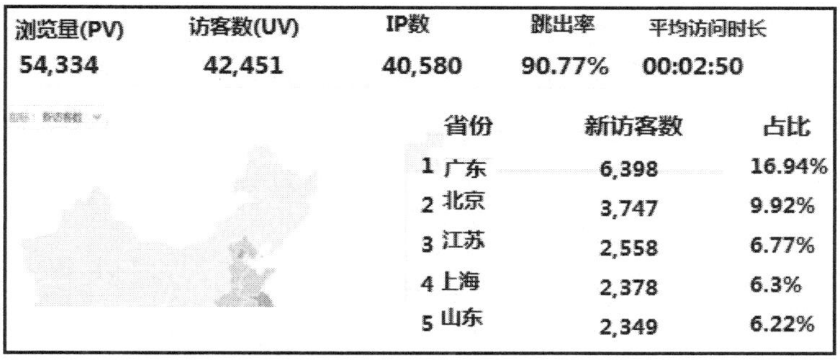

浏览量(PV)	访客数(UV)	IP数	跳出率	平均访问时长
54,334	42,451	40,580	90.77%	00:02:50

柱形　新访客数 ▼

	省份	新访客数	占比
1	广东	6,398	16.94%
2	北京	3,747	9.92%
3	江苏	2,558	6.77%
4	上海	2,378	6.3%
5	山东	2,349	6.22%

图 6.16　访客地区分布

通过了解网站访客地域分布数据，再结合网站的转化数据，进行分析和优化。例如，广东地区带来的访客最多，但是转化率低，就要减少对广东地区推广的力度和预算，同时分析影响转化的原因，并进行优化调整；北京地区带来的访客占比 9.92%，但是转化率是最高的，就要加大对北京推广的力度和预算，使北京地区的转化率最大化。

6.4　数据化运营

通过 6.2 和 6.3 节的内容，可以看出在做每一个决策之前，都需要分析网站中相关数据，并让这些数据结论指导网站的运营发展。也就是利用数据指导网站运营，即数据运营。

通过数据驱动的方法，网站运营人员能够判断趋势，从而展开有效行动，帮助自己发现问题，推动创新或提出解决方案。

数据充斥在网站运营的各个环节，所以成功的网站运营一定是基于数据的。在网站运营的各个环节，都需要以数据为基础。当养成以数据为导向的习惯之后，做网站运营就有了依据，不再是凭经验盲目地进行网站运作，而是有的放矢。当有了足够的网站运营数据之后，不再依赖主观判断，而让数据成为企业网站运营的裁判。在企业中，从网站整体战略到目标设定，再到驱动网站商业运营的方法，最后采用一定的度量来衡量数据运营的效果。

数据运营需要运营人员对数据具有敏感性和良好的逻辑能力，数据还可以为员工提供一个良好的标准，将自己的工作和业务结果联系起来，从而发现一些可以改进的内容。

6.4.1　数据运营分析思路

网站数据运营分析思路如图 6.17 所示，从活动、软文、广告创意等吸引用户产生兴趣，进而访问网站，浏览网站内容，最后产生转化（与企业产生交易）的过程，即用户行为路径。网站运营数据分析就是围绕这个路径进行，从 1 到 4 是数据递减的过程，相当于一个漏斗。1～3 的每一环节都会影响到 4（转化指标），因此网站运营数据分析就是从 4 往前倒推，找到影响 4（转化）的因素，从而进行优化调整。

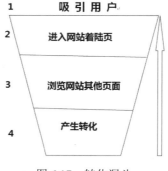

图 6.17　转化漏斗

6.4.2　数据运营内容细分

随着市场环境的变化，运营的渠道和方式不断增加，运营有了更加细致的分类，网站运营推广细分为：流量运营、用户运营、产品运营和内容运营，如图 6.18 所示。

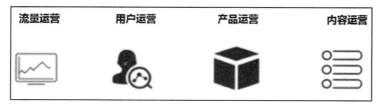

图 6.18　数据运营内容

1. 流量运营

流量运营即多维度分析，优化渠道，主要解决的是用户从哪里来的问题。

（1）通过多维度指标判断流量情况，包括量级指标、基本质量指标和来访用户类型占比指标。

- ☑　量级指标涉及不同平台，主要看访问量、pv 和 uv。
- ☑　基本质量指标包括用户的平均访问时长、访问深度和跳出率等，通过这些指标可以判断用户的活跃度。
- ☑　在不同的产品生命周期中，访客的类型是有差异的。

（2）多维度的流量分析，主要从访问来源、流量入口、广告等角度切入。

- ☑　访问来源包括直接访问、外链、搜索引擎和社交媒体等。需要层层拆解，具体到每个渠道进行流量分析。
- ☑　着陆页，是用户到达网站的入口。如果用户被导入到无效或者不相关的页面，会导致跳出率较高。
- ☑　广告投放是流量的重要部分。广告分析包括广告来源、广告内容、广告形式（点击、弹窗）和销售分成等，需要通过多维度的分析来优化广告投放。

2. 用户运营

用户运营就是建立和维护与用户的关系。

（1）精细化运营，通过用户的行为对用户进行分类，然后根据不同群体的特征进行精细化运营，促进用户回访。

（2）提高用户的留存率，只有用户留下来了，才能进一步推动变现和传播。留存分析一般采用组群分析法，即对拥有相同特征的人群在一定时间范围内进行分析，通过时间维度的分析发现用户留存的变化趋势，通过行为维度的分析发现不同群组用户的差异，找到产品或运营的增长点。

3．产品运营

很多运营都是围绕产品进行的。可以把网站作为产品进行运营，主要采用数据分析和监控功能。

（1）监测异常指标。发现用户对网站的兴趣点，网站的流程中有很多功能点，用户的体验就是建立在这些小的功能点上；这些小的功能点的使用情况，成为网站每一步转化的关键。以注册流程为例，一般需要手机验证。发送验证码是其中一个关键的转化节点；当用户点击重新发送的次数激增时，可能意味着这个功能点存在一定问题。而这就是用户的"怒点"所在——无法及时收到手机验证码。通过对关键指标的监测，便于及时发现问题，及时修复网站。

（2）网站添加新功能。上线后需要评估新功能的效果，是否满足用户的核心需求，能否给用户带来价值。

4．内容运营

网站内容运营，即精准分析每一篇文章的效果。在做内容运营之前，需要明白内容是作为一个产品，还是产品的一个辅助功能。只有明白产品的定位，才能清楚目标。为了扩大内容运营的效果，需要对用户的需求进行分析，例如，用户感兴趣的内容、内容阅读和传播的比例等。以某网站的热力图为例，如图6.19所示，页面左侧中上和页面右侧中下部分"今日热门"区域等用户点击量高，那么网站运营人员就要关注网站中这些区域的内容和类别，根据用户喜欢的内容和类别进行推送，满足用户的需求，提升网站的黏性，从而促进转化。

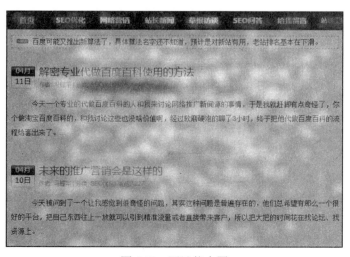

图6.19　网站热力图

Note

本 章 总 结

- ☑ 网站数据分析和优化对于网站运营的重要性。
- ☑ 常用的网站分析工具及登录地址。
- ☑ 网站运营推广数据分析维度和指标。
- ☑ 数据化运营的重要性。

本 章 作 业

（1）网站数据中的 PV、IP、UV 的含义分别是什么？

（2）如果访客停留时间短，应从哪几方面分析优化？

（3）网站推广中常用的数据维度及指标有哪些？

（4）数据化运营细分为几部分？

第**7**章

移动网站运营

本章简介

　　移动互联网已经成为最大的消费市场、最活跃的创新领域。现在的传统企业为了抢占市场先机，也会在做了一个 PC 网站之后再去做一个手机网站，甚至在有些领域，拥有一个手机网站已经成为许多中小企业决胜的关键，所以企业对于移动网站的运营也越来越重视。本章将重点介绍移动网站运营的技巧。本章主要讲解移动网站的特点、营销型移动网站的建设原则及运营推广等相关内容。

本章工作任务

　　➢　了解移动互联网的发展现状。
　　➢　了解移动网站的概念。
　　➢　掌握营销型移动网站的建设规则。
　　➢　掌握移动网站运营的核心内容。

本章技能目标

　　➢　掌握营销型移动网站建设规则。
　　➢　了解移动网站运营的推广方式。
　　➢　掌握移动网站运营方法。

预习作业

　　➢　营销型移动网站的特点。

> 适合移动网站推广的营销方式。
> 不同营销方式的特点。

7.1　移　动　网　站

手机正迅速成为人们最常用的上网方式,用手机接入互联网的用户占比已达到 72.2%,手机已超过台式计算机,成为我国网民的第一大上网终端。智能手机和平板电脑的普及,产生了越来越多的移动端客户流量。尽管基于手机和平板电脑的网络浏览器种类繁多,功能也都越来越完善,但限于较小的终端屏幕以及网络流量的问题,移动设备并不适合直接浏览各种基于非移动设备的网站,因此,企业有必要为自己的网站增加一个适合移动设备浏览的入口。营销型手机移动网站也在这种趋势下诞生。

营销型手机网站具备良好的搜索引擎优化功能、良好的用户体验度、良好的营销力、操作简单,与 PC 网站后台同步管理,同时具备一键拨打电话与一键关注企业微信公众平台等功能。

7.1.1　什么是移动网站

手机网站即移动网站,是指用 WML(无线标记语言)编写的专门用于使用手机浏览的网站,通常以文字信息和简单的图片信息为主。随着手机向智能化方向发展,安装了操作系统和浏览器的手机的功能和 PC 机是很相似的,不过由于手机的屏幕尺寸和 CPU 处理能力有限,专门为手机进行优化的网站更方便用户浏览。这也为网站设计提出了新的要求:网站要适应手机浏览。

如图 7.1 所示为海底捞餐饮企业的移动网站。移动网站具有让消费者随时、随地、随身访问的优势和方便快捷的不可取代的特点。

图 7.1　海底捞移动网站

专门用于手机浏览的网站通常以文字信息和简单的图片信息为主，以适应手机浏览。营销型手机网站要弱于用 PC 机浏览的网站，对于图片、动画等表现力度不够，但麻雀虽小，五脏俱全。

7.1.2 营销型移动网站的特点

营销型网站，顾名思义就是指具备营销推广功能的网站，即建站之初，便以日后的营销推广为目的和出发点，并贯彻到网站制作的全过程，使每一个环节、每一步骤都考虑到营销功能的需求，使网站一上线即具备营销功能或有利于优化推广的特征。营销型网站是为了满足企业网络营销，包括以客户服务为主的网站营销、以销售为主的网站营销和以国际市场开发为主的网站营销。营销型网站的实质就是抓住每一个细节，向网站要效益，是能赚钱的网站，主要具有以下特点。

（1）良好的视觉效果。专业的移动网站有适合移动设备屏幕的网页，PC 版网页在手机上会响应迟缓，视觉效果很差。

（2）庞大的用户群。据统计，全国移动手机端的使用率已经超过 PC 端，企业手机网络建站，将会开拓更大的市场。

（3）极佳的用户体验。手机网站是根据手机屏幕尺寸进行开发的，视觉和体验会更加符合移动用户，在不下载 APP 的情况下也能流畅地查阅企业的网站，把企业的信息准确、快速地传达给用户。此外，手机网站能更好地结合微博、微信做推广，移动社区+手机网站=最佳用户体验，更易促成用户成交。

（4）高效、快捷的营销方式。移动网站可以帮助企业不受时间、地域的限制去营销，现在人们基本都是手机不离身的，因此通过移动网站可以随时随地把企业的产品卖给所有手机用户，比传统营销更高效。

（5）随时随地轻松浏览。相信没有哪种电子产品能够像手机一样成为人们日常出行的必备品，能够 24 小时在线浏览。

（6）最便捷的宣传册。移动端网站是最便捷的宣传册，无论何时何地，遇见何人，只要打开手机即可以让对方浏览到产品和服务信息，不会错过任何一次宣传和推广。

7.1.3 营销型移动网站建设原则

企业网站是为实现某种特定的营销目标，将营销思想、方法和技巧融入到网站策划、设计与制作中的网站。在移动网站建设中，要遵循以下原则。

（1）要让用户一目了然，让用户在短时间内把内容看清楚，这就需要确保内容与屏幕大小的一致，有整齐的排版和合适的字体，以增强用户的体验。因此设计移动网站时，建议实现滑动屏幕的阅读方式。

（2）简化导航。为避免用户横向滚动页面，需要有明确的目录结构，提供醒目的"后退"和"首页"按钮，对于导航的目录结构，有 4 种常见的手机网站的导航形式，分别是横条式、大按钮式、列表式和选项式。

（3）流畅体验，允许用户保存搜索、书签、购买等信息。这就需要尽可能在所有平台中提供相同信息和功能，即无论是 PC 端、平板端还是手机端都保持网站信息的一致性。

（4）减少文字输入。目前手机大多没有实体键盘，输入文字时会比使用实体键盘麻烦得多。因此，应尽量减少使用者输入文字的次数，例如，个人的账号、密码、搜寻内文、使用编辑器等，都是移动网站中应尽力避免的。

（5）拇指操作，通过较大的按钮降低操作难度。为防止用户因为按钮较小而误点其他选项或内容而造成的不便，可以在有限的手机屏幕上适当给按钮留白，按钮之间的间距要加宽，以此扩大点击范围。

（6）简单快捷。在手机有限的屏幕上以最简单、最实用、最快捷的形式展示给用户最需要的信息，优先提供用户最需要的内容和功能。

（7）广泛适应，使网站能在不同的移动设备上运行。

（8）重新定向，持续改进。自动判断移动设备，重新定向适合的网站内容，根据不同的移动设备和屏幕尺寸来显示相应的网站内容；让用户可以切换 PC 版与移动版网站，以便选择下次访问的版本。

（9）立足本地信息，轻松转化，例如，地图、路线、电话等，在所有内容当中，本地化信息是对用户最有帮助的。

（10）简化注册/登录流程，也就减少了用户输入的麻烦，在简单流程的前提下，提供有助于提升转化率的信息给用户。

7.2　营销型移动网站运营

微信创始人张小龙在微信公开课上分享的数据："20%的用户在微信公众号中挑选内容，然后 80%的用户在朋友圈阅读这些内容。"相关数据表明，超过半数的手机网民使用过移动应用中的分享功能。也就是说，社交应用带动了社交分享量，使得移动互联网爆发出巨大的潜能。网站运营少不了社交关系，社交运营已成为了一种趋势。下面是关于营销型移动网站的几点运营技巧。

（1）运营要先懂社交。运营移动网站，首先要懂得移动社交。通过移动端运营网站时，如果只一味推送营销信息，必然会让人反感，因此在营销之前，要从消费者的利益出发，学会和消费者交流，了解消费者需求，拉近距离后再做营销也不迟。

（2）尊重用户评论。移动网站运营中，对于产品的销售，必定会有用户对整个交易过程进行评论，无论评论好坏，都应尊重消费者，运营者该做的是从这些评论中去反思存在的问题。

（3）做真正的意见领袖，也就是培养用户的忠诚度。这要从平时分享的内容中积累，让用户能主动转载和传播网站的内容，那就要做到使发表内容具有一定的影响力。这需要运用好移动社交平台。

（4）重视内容质量。网站运营是在推广下实现营销的，借助自媒体营销是当前最为主流的一种方式，例如，通过开通社交平台运营内容，这些内容的质量会直接影响到用户的行为。做好内容也是社交运营的方法之一。刚开始运营，不要立即将营销内容推出去，而应通过高质量的内容吸引用户的关注，待时机成熟时再营销。

（5）及时沟通和反馈。移动网站从社交运营角度来说，注重的始终是用户体验，对于用户在平台上的评论留言等要及时地关注和回复，出现问题时做好沟通交流工作，这种与用户互动的形式有助于提高用户体验，让用户得到被在乎的感觉，能够很好地维系与用户之间的情感。

（6）注重与他人合作。既然是社交运营，那么就别吝啬与他人的合作，例如，各个社群的用户群体各不相同，将这些用户资源拿来共享，要比自己再去开发用户群体简单得多，因此可以寻找不同的群体相互合作来扩大运营渠道。

（7）营销活动要新颖。现在的用户都喜欢扎堆式地接受营销，这也是社交用户群体之间口口相传产生的影响，所以，运营者要多思考和策划一些新颖的营销活动吸引用户主动参与。

（8）提高用户转化率。达到最终营销目标是通过运营过程不断积累的结果，在移动网站运营过程中对用户数据进行搜索和分析，研究用户行为以及用户需求，做好市场细分，然后针对不同的用户制定相应的营销计划，从而提高用户转化率。

7.3　移动网站运营推广

移动网站营销要面向移动终端（手机或平板电脑）用户，在移动终端上直接向目标受众精确地传递个性化的即时信息，通过与受众人群的信息互动达到市场营销目标。

移动营销早期称为手机互动营销或无线营销。移动营销是在强大的云端服务支持下，利用移动终端获取云端营销内容，实现把个性化即时信息精确有效地传递给消费者个人，达到"一对一"的互动营销目的。移动营销是互联网营销的一部分，融合了现代网络经济中的"网络营销"和"数据库营销"理论，也是经典市场营销的派生，是各种营销方式中最具潜力的部分。

7.3.1　移动网站的营销方式

目前移动网站的营销方式主要包括以下几种。

1. 即时通讯营销

即时通讯营销又叫 IM 营销，是通过即时通讯工具帮助企业推广产品和品牌的一种手段（第 5 章已介绍过）。IM 营销是网络营销的重要手段，是进行商机挖掘、在线客服、病毒营销的有效利器，克服了其他非即时通信工具信息传递滞后的不足，实现了企业与客户无延迟沟通。常用 IM 推广的方法有两种：

☑ 在线交流。一般中小企业在建立了网店或者企业网站时，通常会保持即时通讯工具为在线状态，这样潜在的客户如果对产品或者服务感兴趣自然会主动和在线的商家联系。

☑ 企业可以通过 IM 营销通讯工具发布一些产品信息、促销信息，或者可以通过发布一些图文并茂或者受众喜闻乐见的内容来吸引网友的眼球，当然要加上企业的标志，从而达到营销的目的。

如图 7.2 所示为 Taco Bell 在 Snapchat 上面的营销活动。

图 7.2　Taco Bell 营销活动

Snapchat 拥有一亿日活用户，11%的美国青少年说，比起 Facebook，他们更频繁地使用 Snapchat。各个行业的消费者品牌都使用 Snapchat 来获得青少年用户。品牌利用 Snapchat 平台上内容"快闪"的属性来给用户发送限时优惠和特别内容，通过这种时间消逝营造的紧迫感来提高活动的参与度。

营销效果：80%的用户都会打开品牌的 snap 视频，这当中又有 90%的人会完整地观看整个视频，Taco Bell 提高了品牌曝光量。

2.　BBS 营销

BBS 营销就是利用论坛的高人气，通过专业的论坛帖子策划、撰写、发放、监测、汇报流程，在论坛空间提供高效传播，包括各种普通帖、多图帖、连环帖、视频帖、论战帖、置顶帖等，然后利用论坛强大的聚众能力，利用论坛作为平台举办各类灌水、踩楼、帖图、视频等活动，调动网友与品牌之间的互动来达到企业品牌传播和产品销售的目的。BBS 营销成功案例如图 7.3 所示。

图 7.3　安琪酵母

安琪酵母股份有限公司，是国内最大的酵母生产企业。2008 年安琪公司策划了"一个馒头引发的婆媳大战"事件，讲述了南方的媳妇和北方的婆婆关于馒头发生争执的故事。在新浪、搜狐、TOM 等有影响力的社区论坛发贴，引发了很多网民的讨论，其中就涉及了酵母的应用。同时安琪公司的专业人士把话题的方向引入到酵母的其他功能上去，让网民了解酵母不仅能蒸馒头，还可以直接食用，并有保健美容及减肥功能。然后安琪公司又选择了新浪女性频道中关注度比较高的美容频道，把相关的贴子细化到减肥沙龙板块等，引发了更多普通网民的关注。除此之外，安琪酵母又在新浪、新华网等主要网站发新闻，而这些新闻又被网民转到论坛里作为谈资，增加了产品的可信度。随后两个月，不仅安琪酵母公司的电话量陡增，还获得了较高的品牌知名度和关注度。

总结：选择好目标客户群常去的论坛，使用网民关注的话题展开论坛或者社区营销。利用网民的争论以及企业的引导，把产品的特性和功能诉求告知潜在的用户，激发用户关注和购买。

3. 病毒式营销

病毒式营销也被称为病毒性营销、基因营销或核爆式营销，是利用公众的积极性和人际网络，让营销信息像病毒一样传播和扩散。营销信息被快速复制，传向数以万计、数以百万计的受众，像病毒一样快速复制、广泛传播，将信息短时间内传向更多的受众。病毒营销是一种常见的网络营销方法，常用于进行网站推广、品牌推广等。

病毒式营销利用的是用户口碑传播的原理，在互联网上，这种"口碑传播"更为方便，可以像病毒一样迅速蔓延，因此病毒式营销成为一种高效的信息传播方式。由于这种传播是用户之间自发进行的，因此不需要投入太多费用。

如图 7.4 所示为神州专车的一则广告，经过运营，该广告产生了病毒式营销的效果。

图 7.4　神州专车广告

2015 年 6 月，神州专车请来吴秀波等知名演员，以"Beat U，我拍黑专车"为主题发布了系列广告。试图通过"安全"这一核心问题为专车重新定义。没想到，营销界纷纷以神州专车超越营销底线为由冷嘲热讽，还有网友指出海报中的错别字，加以嘲笑。眼看神州专车即将成为最烂营销案例。但是，第二天神州专车发出道歉信，并发放 1 亿专车券以示诚心，结果神州专车名声大噪，其 APP 的下载量创下了历史最高纪录，一夜之间冲至苹果 App Store 旅游分类免费榜的第 8 名。（图片来源：神州专车官方微博）

病毒式营销也可以称为是口碑营销的一种，它是利用群体之间的传播，从而让人们建立起对服务和产品的了解，达到宣传的目的。利用已有的社交网络去提升品牌知名度或者达到其他的市场营销目的。病毒式营销是由信息源开始，再依靠用户自发的口碑宣传，达到一种快速滚雪球式的传播效果。它描述的是一种信息传递战略，经济学上称之为病毒式营销，因为这种战略通过利用公众的积极性和人际网络，让营销信息像病毒一样传播和扩散。案例如图 7.5 所示。

图 7.5　病毒式营销成功案例

这个被称为卖萌神器的小草发夹，最早的原型是漫画人物颜文字君，凭借头上长草、画风简洁、表情卖萌等特点，引发了年轻人的疯狂追捧。如图 7.6 所示，头上长草百度指数中的搜索量上升很快，2015 年 9 月 15 日达到一个峰值。

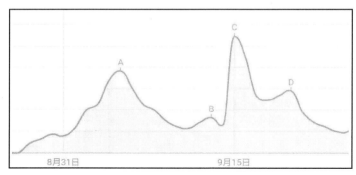

图 7.6　头上长草百度指数

小草发夹迅速走红后，争议也随之而来。有网友指出，头上插草在古代有卖身为奴的含义，因此认为头上长草不吉利，看到后心里感觉怪怪的。不过，在年轻人看来，头上长草是流行趋势、萌文化，代表时尚和新潮。除了普通网友的争议外，明星的加入也推动小草发夹流行起来。明星纷纷发挥娱乐精神，在微博晒出佩戴各式小草发夹的图片，引来大量网友围观和点赞，一时之间小草发夹人气爆棚。

4.　网络事件营销

网络事件营销是企业、组织以网络为主要传播平台，通过精心策划，发起可以让公众直接参与并享受乐趣的事件，并通过这样的事件吸引或转移公众注意力，改善、增进与公众的关系，塑造良好企业形象，以谋求企业的长久、持续发展的营销传播活动。

网络事件营销其实是事件营销的一个分支，是国内外企业在品牌营销过程中经常采用的一种公关传播与市场营销推广的手段。互联网时代的事件营销则自然过渡到网络事件营销阶段，企业只要适时地抓住广受社会关注的时事新闻事件、名人效应，并结合企业和产品在传播上的最终目的，就可以策划出创造性的活动和事件。

2008 年北京奥运会，可口可乐为契合"人文、绿色、科技"的宣传口号推出"5P"战略，即 People（人）、Partner（伙伴）、Planet（地球）、Profit（利润）、Product（产品）的策略。通过全球范围各式各样的奥运抽奖、赠品活动、圣火传递、入场券促销、发行奥运纪念章和纪念瓶等举措，使人们自主带入到可口可乐与奥运之间。

在奥运期间，iCoke 则主要以"激情秀奥运，畅爽迎火炬"在线活动为主，尤其是"可口可乐畅爽拼图"，整合 IM、手机彩信、在线相册、网络空间、论坛、博客以及 www.iCoke.cn 平台，活动期间有超过 2000 万张图片被提交，用奥运激情共创了最大照片拼图的吉尼斯世界纪录。将火炬、传递手、传递路线数字化，成为大部分消费者每天使用的腾迅 QQ 上一个燃烧着的徽章/火炬/路线；成为 SOHU 专题站上一张图片、一段文字；成为 iCoke.cn 上一张图片、一个点击、一种参与和支持。

线上调研结果，在 2 万多个抽样 QQ 用户中，活动的知名度达到 97%，更有 78% 的受访者参与了该活动。调研用户均表示，很喜欢可口可乐提供给他们的这种通过网络亲身体验及参与奥运火炬传递活动的方式。这个活动让他们觉得很有民族自豪感，并比之前更喜爱可口可乐这个品牌。从"互动参与"到"体验扩散"再到最终的销售实现，这就是可口可乐充分利用"奥运会事件"进行的营销活动。

5. 其他营销方式

搜索引擎营销、网络图片营销、网络视频营销、软文营销等同样适合移动网站运营推广。这些营销方式在第 5 章中已有叙述。

7.3.2　移动网站运营推广内容

移动网站的运营与 PC 端网站运营同样重要。移动网站运营推广的核心内容主要包括以下两点。

1. 打响品牌

（1）整体运作方面：初创阶段，网站以打响品牌知名度为目标，以迅速建立支撑品牌运作的基础工作为工作重点展开运作。

（2）网站方面：网站是打响品牌的基础，优秀的网站能够使整个品牌进程提前 20% 完成。

（3）网站推广方面：品牌目标以短期目标为主，务必保证企业的目标有 80% 的机会成功完成。

2. 提升品牌影响力

（1）整体运作方面：此时网站已进入二次创业阶段，开始扩张、成长，占领市场是重中之重，但要保持头脑冷静、细致调研、缜密分析，避免因盲目扩张导致的时间、金钱、人才浪费。

（2）网站方面：网站优化是重点，把第一阶段运作中发现的问题进行系统优化，使网站整体看上去像一位精干的业务人员，使其真正成为网站营销平台，提升用户体验。

（3）网站推广方面：继续做好第一阶段的基础推广工作，力求与其他网站、其他传统媒体有大型合作，提升网站品牌影响力。做好市场调研、数据分析工作，有效利用技术实现对网站平台的监控，把平台的数据转化为有价值的决策数据。

本 章 总 结

☑　移动网站的发展现状。
☑　营销型移动网站的特点。
☑　移动网站的推广方式及特点。
☑　移动网站运营工作内容。

本 章 作 业

（1）什么是营销型移动网站？
（2）营销型移动网站建设的规则有哪些？
（3）营销型移动网站的运营技巧是什么？
（4）移动网站的营销方式有哪些？

网站运营工作和团队

本章简介

　　互联网已经成为这个时代强有力的宣传工具，企业建站的目的，一是为了在互联网上宣传企业的品牌、产品以及服务项目；二是为了带来潜在客户，获得商业价值。企业网站要想实现这两个目的，就必须要有专业的网站运营团队进行运营推广工作。本章主要讲解网站运营的本质，网站运营工作流程及团队成员的工作职责等知识。

本章工作任务

- ➢ 了解网站运营的本质。
- ➢ 了解网站运营的工作流程。
- ➢ 了解网站运营团队成员间的分工协作关系。

本章技能目标

- ➢ 掌握网站运营的核心内容。
- ➢ 掌握网站运营的工作流程。

预习作业

- ➢ 网站运营本质的核心。
- ➢ 网站运营团队成员架构。

8.1 网站运营的本质

网站运营往往紧紧围绕 3 个元素进行：产品、用户和渠道，其含义介绍如下。

☑ 产品：企业网站推广的产品/服务。

☑ 用户：对企业网站推广的产品有潜在需求的人群。

☑ 渠道：企业选择不同的网站推广方式，为网站带来用户，最终提升品牌知名度和产品销售/服务。

三者的关系如图 8.1 所示，企业的产品离不开网站的运营；没有渠道，产品就不会有影响力；没有用户，产品就一点意义也没有。稳定的三角支撑起产品、渠道、用户三者间良好的发展关系，最终达成目标。这个稳定且持续发展的三角就是网站运营。好的网站是运营出来的，而不是开发出来的。

图 8.1 网站运营的核心内容

8.2 网站运营工作流程

网站运营的工作主要由网站运营的目标确定，通过对目标进行分析，制定出网站运营方案，然后执行方案，执行后通过网站运营数据分析、评估，优化网站运营方案，最终达成目标。

如图 8.2 所示为网站运营的工作流程。网站运营以目标为导向，以数据为基础，并且是一个长期的、细致的、不断分析、优化的过程。

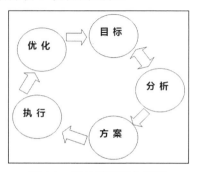

图 8.2 网站运营工作流程

随着改进措施的实施，要及时了解运营数据相应的变化，不断优化和改进，不仅要治标，而且要治本，使同类的问题不再出现；持续地监控和反馈，不断寻找能从最根本上解决问题的最优方案。

网站运营中的数据分析是一个持续的过程，同时也是循序渐进的过程，需要网络运营人员实时监测网站运行情况，及时发现问题、分析问题并解决问题，这样才能使网站健康持续地发展。网站数据分析起始于网站的诞生，结束于网站的消失，贯穿整个网站生命周期的始终。

8.3 网站运营团队

网站的运营离不开专业的运营团队，网站运营团队成员之间的相互配合、目标一致、整体业务水平、知识储备等是网站成功的关键。既要做好团队的专业化分工，各司其职，又要紧密联系，共同为网站运营目标服务，这样才能将一个网站做大做强，才有可能盈利，真正实现电子商务的企业战略。

一个完整的网站运营团队应该有以下几种分工：网站运营负责人、程序员、网站编辑（文案）、网站策划人员、网站推广员、网页美工、网站客服等。具体可以根据需要自行决定，但总体而言这是一个普遍使用的团队结构。

网站运营团队各岗位职责如下。

（1）网站运营负责人，对网站整体运营负责，具有较强的协调能力、组织能力、策划能力，了解 SEO 及网络营销、数据分析等知识。

- ☑ 负责网站整体运营，制定网站运营策略、方案和计划，并组织执行。
- ☑ 推动各项业务发展，提升运营效益，确保运营目标的实现，对 KPI 指标负责。
- ☑ 统计、分析各类网站数据，提出改进方案，带领团队进行网站后期的维护及升级。
- ☑ 通过网站运营提升网站价值和黏性，提高产品销售量、品牌知名度等。
- ☑ 负责团队建设、团队培训和日常工作开展等。

（2）网站策划人员，负责从对客户需求的了解到与美工人员、技术开发人员的工作协调，再到网站发布、宣传与推广等多项工作内容。

- ☑ 负责网站规划，包括内容建设、网站布局、网站结构方面的规划。
- ☑ 组织策划和完成网站相关专题。
- ☑ 完成各种信息的归类整理，对客户需求提供解决方案。
- ☑ 协调网络营销人员、技术开发人员完成网站的优化，提高网站的权重。

（3）网页美工，负责网页的美化，熟悉 Photoshop、Fireworks、Flash 等制图软件，要有非常好的美术功底，具有创意能力和 CSS 美化基本功。

- ☑ 执行相关文档及网站美工设计和创意、网站美工方面的维护与开发、网页广告和相关专题图片的制作。
- ☑ 完成日常的图片处理和网页制作。
- ☑ 负责网站界面设计、编辑、美化、改版、更新等工作。

Note

（4）程序员，实现网站后台的程序功能，负责网站前后台服务功能的修改和升级，并保证网站软硬件平台的正常、高效运行。

☑ 编写开发计划，负责网站功能改进计划和网络安全计划的编写。

☑ 负责网站功能的修改和升级。

☑ 负责网站代码的优化和维护，保证网站的运行效率。

☑ 负责日常业务开发。

☑ 监控互联网上发现的最新病毒和黑客程序及查杀方法，并及时修复系统安全漏洞。

☑ 对网站的重要数据（包括网站程序、网站数据库和网站运行日志等）做备份。

（5）网站推广员，通过互联网推广企业产品或服务。

☑ 运用网络营销的各种方法，负责网站品牌和产品的网络推广。

☑ 根据公司总体市场战略及网站特点，确定网站推广目标和推广方案。

☑ 与其他网站进行网站间的资源互换等合作，负责日常合作网站的管理及维护。

☑ 开发拓展合作的网络媒体，提出网站运营的改进意见和需求等。

（6）网站编辑，具备优秀的写作能力、编辑策划能力，熟悉网站规划。

☑ 负责网站的内容编辑工作，包括相关栏目信息内容的搜集、把关、规范、整合和编辑，并更新上线。

☑ 栏目内容的采编与日常维护，完成相关栏目的每日内容更新工作。

（7）网站客服，为用户提供相关服务，如在线咨询回复等。

☑ 关注网站的访客，收集、研究和处理用户的意见和反馈信息，及时反馈顾客的需求。

☑ 负责收集客户信息，了解并分析客户需求，规划客户服务方案。

☑ 负责进行有效的客户管理和沟通。

☑ 定期或不定期进行客户回访，发展并维护良好的客户关系。

本 章 总 结

☑ 网站运营的本质。

☑ 网站运营工作性质及流程。

☑ 网站运营团队架构。

本 章 作 业

（1）网站运营本质的核心是什么？

（2）网站运营工作以什么为导向？

（3）网站运营工作以什么为基础？

版 权 声 明

　　为了促进职业教育发展、知识传播、学习优秀作品，作者在本书中选用了一些知名网站、企业的相关内容，包括网站内容、企业 Logo、宣传图片、网站设计等。为了尊重这些内容所有者的权利，特此声明：

　　1．凡在本资料中涉及的版权、著作权、商标权等权益，均属于原作品版权人、著作权人、商标权人所有。

　　2．为了维护原作品相关权益人的权利，现对本书中选用的资料出处给予说明（排名不分先后）。

序　　号	选用网站、作品、Logo	版权归属
1	易到用车网	北京东方车云信息技术有限公司
2	神州租车网	北京神州租车有限公司
3	植信植发网站	北京植信诺德医疗美容诊所有限公司
4	佰加佰教育网站	北京佰加佰教育集团
5	首都之窗	北京市人民政府
6	苏宁易购	苏宁电器集团
7	京东网站	北京京东世纪贸易有限公司
8	幼儿园加盟网站	北京京酷七色光投资管理有限公司
9	钉钉网站	阿里巴巴（中国）网络技术有限公司

　　由于篇幅有限，以上表中无法全部列出所选资料的出处，请见谅。在此，衷心感谢所有原作品的相关版权权益人及所属公司对职业教育的大力支持！